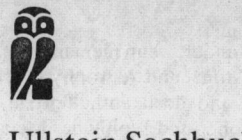

Ullstein Sachbuch

DAS BUCH:

»Wem nützen die größten Wunder, wenn niemand von ihnen erfährt?« Die
jüngsten Erkenntnisse der Atom- und Astrophysik scheinen nur noch für
Spezialisten verständlich – und doch enthalten sie Antworten auf die
großen Fragen nach dem Woher und Wohin des Menschen, der Erde und
des Universums.

In zehn faszinierenden Essays gewährt Reinhard Breuer Einblick in das
Weltbild der modernen Physik: von der Geburt des Kosmos im Urknall
bis zu seinem Ende, wenn alle Materie sich in Eisen und dann in Neutronen
verwandeln wird. Zwischen diesen Polen liegen die geheimnisvollen
Phänomene der Zeit, der Materie und des Nichts, denen man heute in der
Thermodynamik, in der Teilchenphysik und in Experimenten mit dem
Vakuum auf die Spur kommt.

Wie die Natur den Menschen als Beobachter all dessen hervorgebracht hat,
untersuchte Breuer in seinem umstrittenen Buch *Das anthropische Prinzip*.
Er löste damit eine Diskussion über die Rolle des Menschen im Kosmos
aus, zu der er hier erneut Stellung bezieht.

DER AUTOR:

Dr. rer. nat. habil. Reinhard Breuer, Jahrgang 1945, ist Astrophysiker.
Nach dem Studium an deutschen, englischen und amerikanischen Universi-
täten war er Mitarbeiter am Max-Planck-Institut für Physik und Astrophysik. Anschließend arbeitete er als Pressechef des Max-Planck-Instituts
für Plasmaphysik und war Lehrbeauftragter an der Ludwig-Maximilians-
Universität in München. Seit 1984 ist er Wissenschaftsredakteur bei der
Zeitschrift *Geo* und Lehrbeauftragter für Theoretische Physik an der Universität Hamburg.

Neben wissenschaftlichen Fachpublikationen veröffentlichte Breuer bisher
folgende Bücher: *Kontakt mit den Sternen* (1978), *Das anthropische Prinzip*
(1981), *Der lautlose Schlag* (mit Hans Lechleitner, 1982).

Reinhard Breuer

Die Pfeile der Zeit

Über das Fundamentale in der Natur

Mit einem Vorwort von Hoimar von Ditfurth

Ullstein Sachbuch

Ullstein Sachbuch
Ullstein Buch Nr. 34394
im Verlag Ullstein GmbH,
Frankfurt/M – Berlin

Ungekürzte Ausgabe

Umschlaggestaltung:
Theodor Bayer-Eynck
Unter Verwendung einer
Computergrafik der
Zentrale Farbbild Agentur GmbH
Alle Rechte vorbehalten
Mit freundlicher Genehmigung
der edition meyster, München
© 1984 by Meyster Verlag GmbH,
München
Printed in Germany 1987
Druck und Verarbeitung:
Ebner Ulm
ISBN 3 548 34394 5

Juni 1987

Vom selben Autor
im Verlag Ullstein:

Kontakt mit den Sternen (34070)
Der lautlose Schlag (mit Hans
Lechleitner) (34151)
Das anthropische Prinzip (34235)

CIP-Kurztitelaufnahme
der Deutschen Bibliothek

Breuer, Reinhard:
Die Pfeile der Zeit: über d. Fundamen-
tale in d. Natur / Reinhard Breuer.
Mit e. Vorw. von Hoimar von Ditfurth.
– Ungekürzte Ausg. –
Frankfurt/M; Berlin:
Ullstein, 1987.
   (Ullstein-Buch; Nr. 34394:
   Ullstein-Sachbuch)
   ISBN 3-548-34394-5
NE: GT

Tempus erit.

Für Julia

Inhalt

Vorwort

Wem nützen die größten Wunder, wenn niemand von ihnen erfährt? Es gibt, selten genug, Sachbücher, die dazu beitragen, den Vorhang zu lüften. Denn ein »Sachbuch« ist im Idealfall weit mehr als bloß eine Übersetzung von komplizierten Sachverhalten aus dem eigentümlich unverständlichen Idiom der Wissenschaftler in die Alltagssprache, die wir alle gemeinsam sprechen. Weit mehr auch, als lediglich eine didaktisch geschickte Erläuterung komplizierter Theorien und Beobachtungen. Das alles mag wichtig sein. Die Fülle erfolgreicher Sachbücher, die sich darauf beschränken, das zu tun, belegt es. Jedoch ist es bei weitem nicht genug. Erst das Sachbuch in seiner anspruchsvollsten Form bringt die Ernte wissenschaftlicher Arbeit wirklich in die Scheuern.

Wissenschaftler wissen meist nicht, wie man schreibt. Vor allem aber ist das, worüber sie schreiben könnten, in aller Regel auch noch höchst langweilig. Denn Wissenschaftler »führen eintönige und ereignisarme Leben«, wie Erwin Chargaff, einer der führenden Molekularbiologen unserer Zeit, lakonisch feststellt. Sie haben, von verschwindenden Ausnahmen abgesehen, ihre Rolle als »Wahrheitssucher« längst aufgeben müssen. Als Opfer einer kaum noch überbietbaren Spezialisierung, einer Aufsplitterung der angesichts der Geheimnisse der Natur ursprünglich gestellten Fragen in immer winzigere Teilaspekte, sind sie längst in der Detailflut ihrer Spezialgebiete untergegangen. Schon das, was der Kollege im Nachbarlabor auf dem gleichen Flur eigentlich treibt, verstehen sie nicht mehr wirklich.

Die Wahrheit über die Natur läßt sich nur in winzigen Splittern zutagefördern, soviel steht inzwischen fest. Die ungeahnte Kompliziertheit der Aufgabe läßt keine andere Möglichkeit zu. Dabei aber nimmt ein aller modernen Forschung eigentümliches Dilemma immer ärgerlichere Ausmaße an: Je winziger die Splitter, um so verläßlicher ihre Aussagekraft – um so schemenhafter aber zugleich ihre Anschaulichkeit und ihre Bedeutung im Zusammenhang des Ganzen.

Das aber ist es doch, was wir ursprünglich wissen wollten. Als die menschliche Gesellschaft im Verlaufe zunehmender Arbeitsteilung die Zunft der Naturforscher hervorbrachte, da lautete die Aufgabe, die man deren Vertretern auf den Weg gab – und für deren Lösung man sie bezahlte und von allen anderen gesellschaftlichen Verpflichtungen freistellte! –, eine Antwort zu finden auf die Frage danach, »was die Welt im Innersten zusammenhält«. Mit dieser Antwort aber hat das, was moderne Wissenschaft heute mit ungeheurem intellektuellem und materiellen Aufwand ans Licht befördert, in aller Regel kaum noch eine Ähnlichkeit.

Entsprechend gering ist – von einigen Reizthemen wie Gen-Technologie, Organtransplantation oder Kernkraft abgesehen – das Interesse der Öffentlichkeit. Es ist unbillig, ihr deshalb schon mangelhaftes Interesse an wissenschaftlicher Erkenntnis vorzuwerfen. Wie sich ein bestimmtes Elementarteilchen, sagen wir: ein W-Boson, in einem elektrischen Feld verhält, das darf dem normalen Zeitgenossen mit vollem Recht herzlich gleichgültig sein. Das gilt ebenso für die molekulare Raumstruktur eines bestimmten Enzyms (sagen wir: einer Laktat-Dehydrogenase) und für die unabsehbar große Vielzahl aller anderen, grundsätzlich ähnlichen »Splitter«, die als typische Beispiele moderner naturwissenschaftlicher Entdeckungen zu gelten haben.

Kein Außenstehender braucht es für interessant zu halten, woran der Spezialist ein bestimmtes Elementarteilchen erkennt. Auch die stereochemische Begründung enzymatischer Spezifität läßt den Laien mit Recht kalt. Sein Interesse, ja seine engagierte Anteilnahme rühren sich aber sofort, wenn jemand es fertigbringt, ihm verständlich zu machen, in welcher Weise die moderne Teilchenphysik die Materie auch vom letzten Rest ihrer »Klotzhaftigkeit« (Ernst Bloch) befreit hat, mit welchem Recht ein Mann wie Carl-Friedrich von Weizsäcker daher vermuten kann, die Materie sei vielleicht nichts anderes als *der* Aspekt des Geistes, der sich einer Objektivierung füge. Denn was von dem Stoff zu halten ist, aus dem er selbst besteht, ebenso wie die ganze übrige Natur, das hat er schon immer wissen wollen. Nicht weniger gilt das für den schier unglaublichen Aufwand, den die Natur getrieben hat, um lebende Organismen hervorzubringen und am Leben zu erhalten, und für die Geschichte, die sie hinter sich bringen mußte, bis die Voraussetzungen dafür geschaffen waren. *Das* sind Beispiele für Antworten, die der Zeitgenosse von der Wissenschaft zu bekommen hofft und auf die er unbestreitbar auch einen legitimen Anspruch hat.

Die Wissenschaft kann diesem Anspruch jedoch schon lange nicht mehr gerecht werden. Unter dem Zwang, sich immer weiter in die Tiefe der Details vorarbeiten zu müssen, haben ihre aktiven Vertreter zumeist selbst den Überblick über das Ganze verloren. »Übersicht gewinnt nur, wer vieles übersieht« (Arnold Gehlen). Das aber kann sich nicht leisten, wer aktiv forscht. Aus diesem Umstand bezieht das Sachbuch seine Legitimation. Ihm verdankt es seine Unentbehrlichkeit für die Gesellschaft, in deren Auftrag wissenschaftliche Forschung betrieben wird.

Ein Sachbuch, das diesem Anspruch gerecht wird, ist immer identisch mit dem Versuch, die Fülle der einzelnen Erkenntnissplitter naturwissenschaftlicher Aktivitäten zu einer Art Mosaik zusammenzufügen, in dem jedes Teilchen einen erkennbar sinnvollen Platz erhält in der Weise, daß sie insgesamt das Bild einer neuen, hinter der Fassade des Augenscheins gelegenen Wirklichkeit der Welt erkennen lassen. Wann immer das gelingt, entsteht eine Faszination, der sich kaum jemand entziehen kann.

Wenn ich die Bücher nennen sollte, die auf mich während meines Lebens den größten Eindruck gemacht haben, so wäre unter den ersten Nennungen Sir Arthur Eddingtons Buch »Das Weltbild der Physik und ein Versuch seiner philosophischen Deutung«. Der Eindruck, den diese erstmalige Begegnung mit der fundamentaleren Realität einer unsere Alltagswelt umfassenden und begründenden Wirklichkeit auf mich als jungen Studenten machte, wirkt bis auf den heutigen Tag nach. Ich kann dem Buch von Reinhard Breuer kein größeres Kompliment machen als zu sagen, daß ich mich bei seiner Lektüre immer wieder an die Wochen und Monate erinnert fühlte, während derer ich mich vor fast 50 Jahren durch das Werk des berühmten englischen Astrophysikers hindurcharbeitete. In ihm atmet ein Hauch jenes Geistes, der Eddingtons Buch auszeichnete.

Deshalb wünsche ich ihm viele und vor allem junge Leser, in der Hoffnung, daß es ihnen die gleiche, besondere und aufregende Erfahrung vermitteln möge, an die ich mich noch heute, ein halbes Jahrhundert später, dankbar erinnere.

Staufen, Februar 1984

Hoimar v. Ditfurth

To see a world in a grain of sand
And a heaven in a wild flower,
Hold infinity in the palm of your hand
And eternity in an hour.

William Blake, »Auguries of Innonence«

Teil I
Zwischen
Anfang und Ende

Diese feinen Risse im All!
Seht ihr sie nicht?
Jede Sekunde
Scheint der Kosmos zu bersten.

Axel Marquardt
(in »Drei nervöse Wahrnehmungen«)

1. Inflation im Kosmos

Neue Theorien
über den Anfang der Welt

Am Anfang war das Wort. Aber welches? Und wie wurde es gesprochen? Gewinselt oder gebrüllt? Dröhnt es uns nicht noch heute in den Ohren? Zweifellos: Es muß wohl ein Machtwort gewesen sein. Allzuviel ist damals beim Anfang der Welt vor etwa 15 bis 20 Milliarden Jahren auf einmal passiert. Nicht nur sollen seinerzeit alle Strahlung und Materie aus einem unvorstellbar heißen und dichten kosmischen Urbrei entstanden sein; darüber hinaus sollen – noch unvorstellbarer – sogar Raum und Zeit selbst gleichsam aus einem raum- und zeitlosen Nichts heraus zu existieren begonnen haben. Diesem Problem näherte sich schon im 5. Jahrhundert der Heilige Augustinus, als er schrieb: »Die Welt wurde nicht in der Zeit erschaffen, sondern mit der Zeit. Es gab keine Zeit vor der Welt.«

Um das Erste Wort geht der Streit also schon seit Jahrhunderten, um die Sprache, in der es geschrieben ist, und um seine Bedeutung. Wenigstens über die Sprache, in der man sich tunlichst über den Anfang der Welt zu äußern habe, besteht seit 1916 eigentlich relative Einigkeit. Durch die systematische Anwendung höherer Mathematik wurden die Dämonen, Weltgeister und mit ihnen jedes mystische Vokabular aus Natur und Weltall vertrieben und in jenem Jahr durch die Sprache von Einsteins Allgemeiner

Relativitätstheorie ersetzt. Auch das Wort, gesprochen in dieser Sprache, gibt es längst: »Urknall«. Es ist Bestandteil des nun schon seit Jahrzehnten gebräuchlichen Standardmodells des frühen Universums.

Doch statt zum akzeptierten »Standard« der Wissenschaft zu werden, kündigen sich in dem Bild, das Kosmologen im Geiste Einsteins bisher vom Urknall gezeichnet haben, zur Zeit fast revolutionäre Veränderungen an. Der Ideenschub, der etwa seit 1980 das Theorienkarussel wieder einmal in Bewegung setzte, kam aus einer für Kosmologen ungewöhnlichen Ecke und in ungewohnter Sprache: aus der Elementarteilchenphysik. Und mit ihr kamen neue Worte: »Kosmische Inflation«, »falsches« und »wahres« Vakuum und der »kosmische Phasenübergang«. Sie sollen jetzt den Schlüssel für fundamentale Rätsel des Urknalls liefern.

Das Modell, das sich mit so eigenartigen Worten schmückt, wurde 1981 von dem jungen amerikanischen Physiker Alan Guth vom Massachusetts Institute of Technology erstmals vorgeschlagen. Es versucht nicht weniger als zu zeigen, wie sich das Universum im allerersten Sekundenbruchteil verhalten hat. Dabei will es mit einen Schlag viele Probleme erklären, die im Rahmen des Standardmodells lange Zeit unverstanden geblieben waren: Warum besitzt das Universum eine so außerordentliche Gleichmäßigkeit? Wie kann das sogenannte Horizontproblem gelöst werden? Was hat es mit der »Singularität« am Anfang der Welt auf sich?

Die Gleichmäßigkeit des Universums zeigt sich dem Astronomen bei jedem Blick in den Himmel. In jeder Richtung entdeckt er ungefähr gleich viele Galaxien, die sich gleich schnell von uns fortbewegen – Ausdruck für die gleichmäßige Expansion des Weltalls in alle Richtungen. Jüngster und wichtigster Zeuge der kosmischen Uniformität ist die kosmische Hintergrundstrahlung, ein schwaches, abgekühltes Nachglühen aus dem Urknall, das uns bis auf Promille genau aus allen Himmelsrichtungen die gleiche Temperatur von minus 270 Grad Celsius zeigt. Dieser verblüffende Umstand setzt voraus, daß das kosmische Urgas, von dem diese Strahlung einst ausging, zum Zeitpunkt seiner Erzeugung 300 000 Jahre nach dem Urknall ebenso uniform war wie die Strahlung selbst.

Wenn die Welt aber aus einem Urchaos entstanden sein sollte, wie es einer kosmischen Explosion gut anstehen würde, so müßte sich dieses Durcheinander in kurzer Zeit irgendwie in eine fast ideale Ur-Ordnung verwandelt haben. Alle Versuche, diese »Selbstglättung« physikalisch zu verstehen, waren jedoch bisher vergeblich.

Peinliches »Standardmodell«

Die frühe Uniformität des Kosmos erscheint aus einem weiteren Grund physikalisch dubios, der unter Kosmologen als das Horizont-Problem kursiert. Sie wäre noch verständlich, wenn alle Teile der Welt auch noch etwa im Jahre 300 000 nach dem Urbeginn miteinander in physikalisch-kausalem Kontakt gestanden hätten, so daß eine gegenseitige Beeinflussung möglich gewesen wäre. Im Kosmos gibt es jedoch viele Bereiche, die einander – so das Standardmodell – bis heute niemals »gesehen« haben können, nicht einmal im Anfang. Ohne wechselseitige Beeinflussung aber gibt es keinen Grund, warum die verschiedenen Regionen des Alls gleiche Eigenschaften haben sollten.

Wenn wir mit unseren Teleskopen in entgegengesetzte Himmelsrichtungen blicken, sehen wir also Objekte, die durch einen »Horizont« getrennt sind. »Es ist, als wären wir an Bord eines Ozeandampfers«, vergleicht der britische Physiker Paul Davies die Situation, »mit einem Schwesterschiff weit voraus und einem dritten weit zurück. Vom Ausguck unseres Schiffes mögen wir wohl jeweils die anderen Schiffe erkennen. Aber die beiden anderen Schiffe können einander nicht sehen.« Wie also können Bereiche, die nie miteinander kausalen Kontakt hatten, trotzdem gleiche Eigenschaften (wie die gleiche Temperatur) haben? Das ist das Horizont-Problem.

Ähnlich steht es mit dem dritten Rätsel: der kosmischen »Flachheit«. Es betrifft die Expansionsgeschwindigkeit des Universums, die laufend abnimmt, da sie von der Schwerkraft der expandierenden Materie abgebremst wird (ähnlich wie die Anziehungskraft der Erde einen hochgeworfenen Stein abbremst). Das Universum dehnt sich heute sehr nahe an der »kritischen« Geschwindigkeit aus: Ist es etwas zu schnell, muß es auf ewig weiter expandieren; ist es zu langsam, wird es irgendwann beginnen, sich wieder zusammenzuziehen.

Diese ungewisse Situation muß auf einen beinahe unglaublichen Balanceakt des frühen Universums zurückgehen. Denn der heutige Grenzfall bedingt eine viel höhere Präzision im Urknall: Im Anfang mußte die Materiedichte bis auf Eins zu 10^{55}(eine Zahl mit 55 Nullen) genau auf einen entsprechenden kritischen Wert »eingestellt« sein. Ein Beispiel für diese Feinabstimmung bietet das Bild eines auf die Spitze gestellten Bleistiftes: Würde er mit der gleichen Präzision postiert, müßte er Milliarden Jahre lang so stehenbleiben, ohne umzukippen. Abweichungen von diesem kosmischen Balanceakt hätten möglicherweise die Entstehung des Lebens auf der Erde verhindert.

Denn: Bei einer schnelleren Expansion könnten sich erst gar keine Galaxien bilden; eine langsamere Expansion ergäbe dagegen ein zu kurzlebiges Universum, in dem eine biologische Evolution nicht genügend Zeit hätte, komplexe Lebewesen hervorzubringen.

Damit ist die Problematik des Standardmodells freilich noch nicht zu Ende. Vier ungelöste Rätsel kommen hinzu.

– Einmal ist die relative Anzahl der Lichtteilchen (Photonen) und der Kernteilchen, vor allem der Protonen, eine unverstandene Größe. Im kosmischen Mittel enthält jeder Kubikmeter Weltraum etwa ein Proton zusammen mit einer Milliarde Photonen. Mit dem Standardmodell ist dieses Verhältnis nicht berechenbar.

– Ebenso unverstanden ist es auch, daß wir in unserer kosmischen Umgebung fast nur Materie, aber praktisch keine Antimaterie vorfinden. (Dies trifft sicher zu für Erde, Sonne und Milchstraße. Bei entfernteren Galaxien stützt sich der Befund zwar auf indirektere Argumente, aber auch der kosmische Wind schneller Teilchen, der als »kosmische Strahlung« aus intergalaktischen Räumen auf die Erde trifft, enthält nur Promille-Anteile von Antiteilchen.) Materie kann nach klassischem Verständnis aus einem energiereichen Vakuum nur »paarweise«, d. h. nur in exakt gleichen Mengen Materie und Antimaterie erzeugt werden. Für jede Materiegalaxie sollte sich also irgendwo im All eine Galaxie aus Antimaterie finden lassen.

– Probleme bereiten auch die »magnetischen Monopole«. Diese Teilchen wurden schon 1938 von Paul Dirac vorhergesagt. Die mit 10^{-8} Gramm sehr schweren Teilchen (das Proton hat nur 10^{-24} Gramm) mit einer magnetischen Elementarladung sollten die kosmische Materie in großer Anzahl bevölkern, ja, sie sollten nach der Theorie heute sogar zehnmal so häufig wie die Protonen sein. Dem stehen aber eindeutige astrophysikalische und terrestrische Beobachtungen entgegen. Magnetmonopole in so großer Zahl hätten etwa das Magnetfeld der Milchstraße schon längst zerstört. Auf der Erde ist intensiv nach Monopolen gesucht worden. Eine Monopolspur, auf die 1975 H. P. Price gestoßen sein wollte, erwies sich als Irrweg. 1981 zog Price seine Behauptung zurück. Er hatte die Meßspur eines schweren Atomkerns in der kosmischen Höhenstrahlung, wahrscheinlich von Platin, falsch interpretiert. Im März 1982 schreckte dann der Amerikaner B. Cabrera die Physikergemeinde erneut mit der Meldung auf, sein Laborexperiment habe ein Ereignis registriert, das sich durch einen magnetischen Monopol deuten ließe. Dieser Behauptung stand zwar die Häufigkeitsschranke entgegen, die aus der Messung des Magnetfeldes der Milchstraße gewonnen war, aber konnte nicht andererseits die Sonne die schweren Monopole einfach durch ihre Schwerkraft vermehrt ins Planetensystem ziehen? Wahrhaft ein Konflikt zwischen Theorie und Beobachtung!

– Das tiefste Geheimnis umgibt schließlich das »Herzstück« des Urknalls, den Anfang selbst. »Es ist mysteriös«, bekannte 1983 auf einer internationalen Fachtagung im italienischen Padua der amerikanische Theoretiker Alexander Vilenkin, »daß der Urknall eine Singularität hat«. Vilenkin meinte damit den allerersten Moment des Urknalls, den absoluten Zeitpunkt Null. In ihm soll alle Materie und Strahlung unendlich heiß und dicht gewesen sein – so sagt es jedenfalls die klassische Theorie der Gravitation. Genau deshalb aber wird sie im Punkt der »Anfangssingularität« unakzeptabel. Singularitäten sind der Kaufpreis für eine idealisierte Beschreibung der Natur. In ihnen sollen die Zustandsgrößen der Materie – ihre Temperatur, Druck und Dichte – über alle Grenzen steigen, mathematisch bis ins »Unendliche«. Die physikalische Beschreibung der Natur enthält aber nichts Unendliches. Eine physikalische Theorie, die Singularitäten prophezeit, sagt also an dieser Stelle die Grenze ihrer eigenen Anwendbarkeit voraus. Die Singularität, in der Licht und Materie, Raum und Zeit nach Vorgabe des Standardmodells ihren Anfang genommen haben sollen, liegt am Rande und damit außerhalb von Raum und Zeit. Eine »Erklärung« für die Ursache des Anfangs bietet sie nicht; vielmehr läßt sie an der entscheidenden Stelle – dort, wo vom Schöpfungsakt eigentlich die Rede sein sollte – diese entscheidende Lücke.

Soweit die Liste der kosmologischen Probleme, wie sie im Rahmen des Standardmodells auftreten. Heute kommt es Kosmologen fast peinlich vor, daß sie sich so lange mit dem »Standardmodell« zufriedengaben. Erst 1981 gelang Alan Guth ein erster und entscheidender Vorstoß. Er begründete zumindest die Hoffnung, daß sich die allermeisten der genannten Probleme des Standardmodells lösen lassen.

Das Licht der neuen Hoffnung wurde von den Teilchenphysikern angezündet. Deren große vereinheitlichte Theorien – Grand Unified Theories, abgekürzt GUT – boten neue Möglichkeiten. Die GUT fassen drei Kräfte der Natur unter einem mathematischen Dach zusammen: die elektromagnetische Wechselwirkung sowie die schwache und die starke Kernkraft. Die GUT-Theorien, von denen es eine Vielzahl von Varianten gibt, sagen übereinstimmend voraus, daß sich die drei Kräfte bei sehr hohen Energien einander angleichen – ja, zu einer einzigen Superkraft verschmelzen (die theoretische Vereinigung der elektromagnetischen und schwachen Wechselwirkungen zur sogenannten elektroschwachen Kraft konnte durch die Entdeckung der W- und Z-Teilchen im Genfer Forschungszentrum CERN kürzlich bestätigt werden).

Die Verschmelzung der Urkräfte nennen Experten auch ein »symmetrisches Vakuum«. Unterhalb einer bestimmten Energie ist die Welt »asymmetrisch«: Alle Naturkräfte sind dann verschieden stark und verhalten sich unabhängig voneinander. Wie Guth zeigte, ließen sich die GUT in das Standardmodell integrieren. Über die allerfrüheste Phase des Urknalls, vor der sogenannten Planckzeit von 10^{-43} Sekunden, lassen sich auch mit Einsteins Allgemeiner Relativitätstheorie prinzipiell keine Aussagen machen. Effekte einer noch unbekannten Theorie der Quanten-Gravitation machen da selbst Begriffe wie Raum und Zeit sinnlos. Für die sich anschließenden Sekundenbruchteile bieten die Physiker immerhin modellhaft eine naturwissenschaftliche Sprache an.

Während der Abkühlung bis auf 10^{32} Grad beherrschte

zunächst die einzige Urkraft das Naturgeschehen, wie sie bei so hohen Energien von der GUT beschrieben wird. Die Welt war in einem absolut kräftesymmetrischen Zustand. Alle uns bekannten vier Wechselwirkungen, auch die Gravitation, waren miteinander »verschmolzen«. Bei 10^{32} Grad »spaltet« sich dann als erste die Gravitation ab. Über vier Größenordnungen der Temperatur, von 10^{32} bis zu 10^{28} Grad, agieren nun die Schwerkraft einerseits und die noch immer miteinander vereinten elektronuklearen Kräfte andererseits. Dies ist die Phase der GUT, die vorhersagt, daß Protonen nach einer langen, aber endlichen Lebenszeit zerfallen, möglicherweise nach unvorstellbaren 10^{31} bis 10^{32} Jahren. (Das Universum ist heute 2×10^{10} Jahre alt.) Die derzeit weltweit laufenden Messungen des Protonenzerfalls haben allerdings bisher kein solches Zerfallsereignis mit Sicherheit beobachtet. So verschiebt sich der untere Grenzwert der Protonenlebensdauer derzeit in Richtung 10^{32} Jahren, zum allmählichen Mißvergnügen der GUT-Theoretiker. Denn »wächst« der Meßwert allzu deutlich über diese Marke hinaus, dann gerät die Vorhersage der GUT bezüglich des Protonenzerfalls in Schwierigkeiten; allerdings suchen die Experimente bisher vor allem nach einem bestimmten Zerfallsmodus, bei dem das Proton in ein Positron und ein neutrales Pion zerfällt. Eine andere Zerfallsart, bei der ein Kaon und ein Antineutrino entstehen und die nach der Theorie mindestens ebenso häufig vorkommen soll, ist noch nicht gründlich genug untersucht worden.

Danach, also nach der ersten millionstel milliardstel milliardstel milliardstel (10^{-35}) Sekunde, wird das Kräftespiel noch unsymmetrischer. Die starke Kernkraft trennt sich jetzt ab. Daneben agiert nur noch die elektroschwache Wechselwirkung, die Vereinigung der elektromagnetischen Kraft und der schwachen Kernkraft. Sie »zerfällt« bei etwa einer Million Milliarden (10^{15}) Grad. Erst ab diesem Zeitpunkt, der in der Abkühlung nach einigen Mikrosekunden erreicht wird, treten alle vier Wechselwirkungen in der für uns gewohnten Weise in Erscheinung. Der Kosmos hat seine kühle Phase erreicht.

Trotzdem hat der kosmische Urbrei in der folgenden Phase wenigstens eine Millisekunde lang noch recht bizarre Züge mit ebenso bizarren Prozessen, die das Antimaterieproblem und das Licht-Materie-Verhältnis betreffen. Der Urbrei mußte in dieser Phase im wesentlichen aus einer Suppe aus Quarks, Antiquarks und Gluonen bestanden haben – ein »Quark-Gluonen-Plasma«. Quarks bilden die Bestandteile der Hadronen; aus je drei verschiedenen Quarks sind die häufigsten Hadronen – Proton und Neutron – zusammengesetzt. Noch bei 10^{13} Grad bildeten sich Quarks und Antiquarks paarweise und vernichteten sich auch wieder, gleichzeitig kondensierten sie auch schon in Form von Hadronen.

Bemerkenswerterweise enthielt das Quark-Gluonen-Plasma nach Vorhersage der GUT eine geringe Unsymmetrie, einen winzigen Überschuß an Quarks: Auf 1 000 000 000 Antiquarks kamen 1 000 000 001 Quarks. Diese scheinbar geringfügige Unsymmetrie, die den sonst geheiligten Satz von der Erhaltung der Teilchenzahl verletzt, sollte in ihrer Ursache auf den Zeitpunkt von 10^{-35} Sekunden zurückgehen, als sich die starke Kernkraft aus dem Kräfteverein ablöste. Gewisse, zu dieser Zeit noch vorhandene Teilchen, sogenannte X-Bosonen, zerfielen damals ungleichmäßig in etwas mehr Quarks als Antiquarks. Beim Zerfall von einer Milliarde X-Bosonen entstand so ein Überschuß von einem Quark. Auf die hypothetische Möglichkeit solcher Prozesse wies übrigens erstmals der Sowjetphysiker Andrej Sacharow bereits 1967 hin; im Rahmen der GUT berechnete dann 1979 erstmals Steven Weinberg diesen Effekt.

Dieser kleine Überschuß ist es, dem wir womöglich unsere irdische Existenz verdanken. Nachdem sich alle Quarks und Antiquarks gegenseitig zu Strahlung vernichtet hatten, blieben noch genügend Quarks übrig, um die Nukleonen des Weltalls zu bilden, aus denen dann alle Sterne und Planeten entstanden. Die eine Milliarde Photonen, die wir für jedes Nukleon im Kosmos beobachten, verdankten ihre Existenz dann je einem Vernichtungsstoß zwischen einem Quark und einem Antiquark. Mit diesen Photonen, die uns heute stark abgekühlt als kosmische Hintergrundstrahlung entgegentreten, wären wir Zeugen eines Prozesses, der vor zwanzig Milliarden Jahren, 10^{-35} Sekunden nach dem Urknall stattfand.

Inflation – die kosmische Aufblähung

Noch blieben aber die anderen Probleme des Standardmodells zu knacken, vor allem die Homogenität und Isotropie des Kosmos. Auch dafür boten die GUT den Angelpunkt.

Guths Idee des »inflationären Universums« war es, den Übergang vom symmetrischen zum asymmetrischen Zustand der Welt als einen Phasenübergang zu verstehen. Phasenübergänge wie das Verdampfen oder Gefrieren von Wasser sind alltäglich. Für das Universum glich der Phasenübergang dem Einfrieren von Wasser. Bei diesem Übergang konnte sich das All »unterkühlen«, so wie auch Wasser in flüssigem Zustand kurzfristig unter den Gefrierpunkt abgekühlt werden kann. Der Wärmeunterschied zwischen flüssigem und gefrorenem Zustand – die latente Wärme – wird dann beim Gefrieren freigesetzt.

Guth kalkulierte als erster, welche drastischen Wandlungen das Universum in dieser Phase durchlief. Die kosmische Expansionsgeschwindigkeit stieg während des Phasenübergangs für kurze Zeit an. Dadurch blähte sich der Kosmos vehement (im Fachjargon: »exponentiell«) auf. Er »inflationierte« (to inflate = aufblasen) und vergrößerte sich in diesem Moment um etwa 25 Größenordnungen gegenüber dem »normalen«, dem Standardmodell entsprechenden Wachstum.

In Zeitschritten von etwa 10^{-35} Sekunden verdoppelte das Universum seine Größe 85mal hintereinander. Gleichzeitig sank seine Temperatur um denselben Faktor, also praktisch auf den absoluten Nullpunkt. Der Abschluß des Phasenübergangs (er entsprach der vollständigen Kristallisation zu Eis) beendete die inflationäre Expansionsphase. Doch nun setzte der unterkühlte Kosmos seine latente Wärme frei und heizte sich wieder auf etwa 10^{27} Grad auf. Von diesem Zeitpunkt an verläuft die Geschichte des Alls wieder wie im »Standardmodell«.

Die »kosmische Inflation« löst elegant die Rätsel des Urknalls. So erledigte das rasche Aufblähen das Horizont- und Flachheitsproblem. Vor der »Inflation« glich der Kosmos einem nur halb gefüllten Ballon; er war, wie dieser, zunächst stark gekrümmt und klein. Je mehr er aufgepumpt wurde, desto flacher und glatter wurde er. Das Universum näherte sich so beim raschen Ausdehnen naturgesetzlich einem fast »flachen« Weltraum an, der bis heute gerade so schnell expandierte, daß er nicht vorzeitig wieder in sich zusammenstürzte. Je länger die Inflation andauerte, desto mehr näherte sich die Materiedichte dem entsprechenden kritischen Wert; eine Annäherung bis auf Eins zu 10^{55} ist deshalb gut möglich. Gleichzeitig verschwanden auch alle Irregularitäten.

Auf verblüffende Weise wird die »kosmische Inflation« mit dem Horizontproblem fertig. Jener Teil des Universums, den wir heute mit unseren besten Teleskopen wahrnehmen können, hatte am Ende der beschleunigten Aufblähungsphase einen Durchmesser von höchstens 10 Zentimetern. Diese Urblase »unseres« Universums war aber damals, Effekt der Inflation, Teil eines ursächlich zusammenhängenden Gebietes, das unsere Urblase um zwanzig Größenordnungen übertraf. In der inflationären Phase konnten sich also für kurze Augenblicke weitaus größere

Gebiete physikalisch beeinflussen als nur der uns heute optisch zugängliche Teil. So kann es nicht weiter verwundern, daß der Kosmos in alle Richtungen so gut wie gleich ausschaut.

Vor der inflationären Phase kann das Universum also inhomogen und chaotisch gewesen sein – es kommt nicht darauf an! Die Inflation »bügelt« alle Irregularitäten aus – so wie ein runzliger Luftballon durch Aufblasen geglättet wird – und entläßt das Universum homogen und isotrop in eine immer noch heiße, aber schon reguläre Zukunft.

Das inflationäre Modell hat freilich inflationäre Konsequenzen: Das »neue« Universum ist mindestens um zwanzig Größenordnungen ausgedehnter als das des Standard-Urknallmodells. Überdies werden wir keine Chance haben, unseren »Horizont« zu sehen: Er liegt hinter dem Schleier, mit dem die kosmische Hintergrundstrahlung – als Widerschein des Urknalls – in 20 Milliarden Lichtjahren Entfernung noch größere Tiefen des Raums und der Zeit vor uns verbirgt. Dem Standardmodell zufolge läge unser »Horizont« nur wenige hunderttausend Lichtjahre hinter dem Widerschein des Urknalls. Die neuen Theorien besagen jedoch, daß sich dahinter ein Raum verbirgt, der in Wahrheit Milliarden Lichtjahre ausgedehnt ist.

Dieser kühne Ideenentwurf drängt den irdischen Beobachter zweifellos noch weiter an den Rand des Geschehens. Das Modell der kosmischen Inflation setzt die Bagatellisierung des Standorts Erde als Plattform unserer Astronomie und Weltbetrachtung fort, wie sie mit dem Kopernikanischen Prinzip im 17. Jahrhundert begann. Nicht nur ist die Sonne lediglich einer von hundert Milliarden Fixsternen der Milchstraße; und nicht nur ist die Milchstraße nur eine unter hundert Milliarden Galaxien des sichtbaren Universums. Auch das sichtbare Universum wird jetzt seinerseits zu einem winzigen Ausschnitt innerhalb einer vielfach größeren, zusammenhängenden kosmischen Gesamtwelt degradiert.

Guths kosmologische Revolution läßt auch die Zeit *vor* der inflationären Phase nicht unberührt. Sie bietet die Chance, endlich auch der unphysikalischen Anfangssingularität zu Leibe zu rücken – und zwar durch Abschaffung! Nach Vorstellungen, die 1973 zuerst E. P. Tryron, 1983 zuletzt Alexander Vilenkin weiterentwickelte, wäre das Universum kurz vor seiner inflationären Phase durch einen Quantensprung sozusagen aus dem Nichts entstanden (im Fachjargon: aus einem virtuellen Quantenuniversum). Der Schöpfungsakt schrumpft somit zu einem nicht weiter erklärbaren Fluktuationsvorgang im »Nichts« – also in einem Zustand *ohne* jene klassische Raum-Zeit, die bisher allen Weltmodellen zugrunde lag.

Obwohl derlei Gedanken für Laien von Theologie fast nicht mehr zu unterscheiden sein mögen, befassen sich doch Naturwissenschaftler ernsthaft mit der »Erschaffung des Universums aus Nichts«: Dies war, ganz unbescheiden, der Titel von Vilenkins Vortrag 1983 in Padua.

»Das Konzept eines Universums, das aus dem Nichts geschaffen wurde, ist verrückt«, bekennt Vilenkin selbst, und nimmt damit nur einen naheliegenden Eindruck vorweg. Aber auch wenn es verrückt klingt, so hat es doch Logik. Wer sich ernsthaft mit der Entstehung des Alls, also von Raum und Zeit und »Allem«, befaßt, muß an einem Punkt zwangsläufig einen Zustand postulieren, in dem Alles nicht vorhanden war – im raumzeitlosen Nichts.

In ähnliche Richtung, wenn auch weniger radikal, stoßen Urknallmodelle, die ebenfalls die Anfangssingularität aussparen, aber nicht gleich die Entstehung aus dem Nichts fordern. Stattdessen entsteht nach den Vorstellungen des Sowjetphysikers A. D. Linde und der Amerikaner A. Albrecht und P. Steinhardt unser Kosmos aus einer Fluktuation in einer vorher fast statischen, materiefreien Welt. Treffend bezeichnen die Wissenschaftler ihre Herkunftsforschung als »Vakuumkosmogonie«. Die Vakuumfluktuation in dieser Vorwelt wäre zunächst zwar mikroskopisch klein, würde dann aber unter dem gewaltigen Zugriff des Inflationseffektes bis zur Größe einer Faust anschwellen. Von da ab würde der Kosmos seine normale Expansionsphase wie von Standardmodell beschrieben durchlaufen.

Die Idee der Welt, entstanden aus einer Fluktuation, greift von unerwarteter Seite einen Gedanken wieder auf, den vor über hundert Jahren Ludwig Boltzmann schon einmal äußerte: Die Welt, die wir mitsamt dem Leben auf diesem Planeten sähen, stellte nichts weiter dar als eine gigantische, aber vorübergehende Fluktuation im kosmischen Wärmebad eines ewigen Kosmos.

Bei den inflationären Szenarien, die alle ohne eine Singularität auskommen, ist es ein automatischer Vorzug, daß sie, sozusagen gratis, auch das Problem der magnetischen Monopole lösen. Denn die gleiche Menge magnetischer Monopole verteilt sich nun auf ein viel größeres Volumen, das dasjenige des Standardmodells um 85 Größenordnungen übertrifft. Wenn wir »Glück« haben, verbleibt davon ein einziges Monopol in »unserer« inflationär angewachsenen Fluktuation – dem sichtbaren Universum. Eine geringe Zahl von Monopolen wird zwar noch nach dem GUT-Phasenübergang erzeugt – sowohl bei der Selbstvernichtung besonders energiereicher Quarks als auch aus energetischen Gammaquanten. Aber verteilt auf den Kosmos steht ihre Anzahldichte nunmehr im Einklang mit den Grenzen, die durch das Magnetfeld der Milchstraße vorgegeben waren.

Der Teufel dieses inflationären Kosmos steckt – wo sonst – in den Details des alles entscheidenden Phasenübergangs. Nach Vorstellungen des amerikanischen Kosmologen Sidney Coleman von der Harvard-Universität sollte der Sprung etwa so ablaufen: Zunächst vollzieht sich der Phasenübergang an vielen verschiedenen Punkten, die zu lichtschnell explodierenden, sich allmählich berührenden Blasen wachsen und schließlich das ganze Universum ausfüllen. Innerhalb der Blasen wäre die Inflation beendet; sie enthielten bereits den endgültigen Zustand des leeren Raumes, das »wahre Vakuum«, während außerhalb der Blasen der Raum noch im metastabilen »falschen Vakuum« verharre. Alle Expansionsenergie würde auf die Blasenwände übertragen. Bei einer Kollision zweier Blasen würde die Energie der Wände wieder freigesetzt werden. Dies freilich könnte den kosmischen Urbrei so turbulent aufheizen, daß es doch wieder einen Konflikt mit der heute beobachteten Isotropie des Alls gäbe.

Solche Schwierigkeiten führten dazu, daß Alan Guths erstes Modell alsbald durch ein »Neues inflationäres Szenario« ersetzt wurde, das freilich schon 1982 abermals für ungültig erklärt wurde. So pusseln die Fachleute heute mit vielen Detailmodellen an einer dritten großen Konzeption.

Für anteilnehmende, aber nicht beteiligte Beobachter ist die Inflation der Theorien vorerst eher erfreulich. Denn sie zeigt, daß es wenigstens prinzipiell Wege aus der Zwangsjacke des Standardmodells zu geben scheint. Nun ist es möglich, physikalisch vernünftig über die Geburt des Universums neu nachzudenken, sogar unter Verletzung des altbewährten Grundsatzes des Lucretius': »Nichts kann aus Nichts entstehen.«

Vielleicht entstand jedoch einmal nicht nur nichts, sondern *alles* aus einem Nichts. Wie wäre es also mit dieser Schöpfungsgeschichte: Eine Raum-Zeit-Blase entspringt einem unrealen, geisterhaften »Nichts« virtueller Quanten-Universen (ähnlich wie virtuelle Elementarteilchen bei den Experimenten der Hochenergiephysiker aus dem »Nichts« eines »Quantensees« auftauchen können und gleichsam zu realen Teilchen dieser Welt gefrieren)? Die Ur-Blase wächst unter dem Druck der Inflation zu makroskopischen Dimensionen, friert dann die Naturkräfte aus und beendet die Inflation in einem Ausbruch von Hitze. Aus diesem Hitzeblitz kondensiert alle Materie, wodurch das uns vertraute Universum entsteht. Es dehnt sich – geglättet, homogen – langsam aus und kühlt dabei ab, bis auf den heutigen Tag.

Am Anfang war das Wort. Aber nach allem, was wir wissen, ertönte es nur 0, 000 000 000 000 000 000 000 000 000 000 000 1 Sekunden lang.

2. Vom Ende der Welt

Die Zukunft der Materie

»Ich hoffe, die Ankunft desjenigen Tages zu beschleunigen«, schrieb der Princeton-Physiker Freeman Dyson 1979, »an dem die Eschatologie, die Untersuchung vom Ende des Universums, eine respektable naturwissenschaftliche Disziplin sein wird und nicht nur ein Zweig der Theologie.«

Dysons Stoßseufzer hat alle Aussicht, gehört zu werden, denn in den letzten Jahren wenden sich immer mehr Kosmologen, die sich jahrzehntelang mit den Rätseln vom Beginn des Universums abgequält haben, auch den Problemen zu, die das Universum für sie in ferner Zukunft verborgen hält.

Das mag für viele Zeitgenossen nur den geistigen Nährwert von Kaffeesatzlesen haben. Denn wir werden es weder erleben, noch können wir es jemals sonstwie überprüfen, was da Physiker aus ihren Gleichungen für die Zukunft des Weltalls herauslesen.

Aber, so Dyson, »es mag wieder passieren, wie schon einmal bei den kosmologischen Spekulationen von George Gamow, daß naive Extrapolationen bekannter Gesetze in unbekanntes Territorium zu neuen wichtigen Fragestellungen führen.«

Worauf Dyson hier anspielt, geschah im Jahre 1948. Damals hatte der amerikanische Theoretiker George Gamow mit zwei seiner Kollegen erstmals »das Universum beim Wort genommen«. Auf die in den zwanziger Jahren bekanntgewordenen Tatsachen der Galaxienflucht wandten sie einige physikalische Gesetze an und extrapolierten sie in die kosmische Vergangenheit.

Als Ergebnis ihrer – wissenschaftlichen – Spekulationen behaupteten sie: Die Welt habe in einem heißen und dichten Zustand begonnen – dem Urknall (Big Bang); und von diesem heißen, universum-ausfüllenden »Feuerball« sollte sogar noch heute ein Restecho in Form von elektromagnetischen Wellen durch den Weltraum eilen.

Keiner nahm damals diese Aussage besonders ernst – Gamow inbegriffen. Der Paukenschlag kam dafür 1965: Da stießen die Amerikaner Penzias und Wilson zufällig auf die, 17 Jahre zuvor postulierte, kosmische Hintergrundstrahlung.

In Dysons Bemerkung steckt daher auch der Ärger darüber, daß wichtige Entdeckungen – nicht nur die von 1965 – oft viel früher hätten gemacht werden können, hätte man nur eher die Befangenheit im Zeitgeist abgeschüttelt und ernstgenommen, was physikalische Theorien einem nahelegten.

»Aber so geht es oft in der Physik«, schrieb dazu Steven Weinberg von der Universität von Texas in Austin in seinem Buch »Die ersten drei Minuten«: »Unser Fehler ist nicht, daß wir unsere Theorien nicht ernst nähmen, sondern daß wir sie nicht ernst genug nehmen.«

Heute, Jahrzehnte nach der epochemachenden Entdeckung von Penzias und Wilson, aber auch nachdem Quasare, Pulsare und Kandidaten für Schwarze Löcher gefunden sind, haben wir zwar keineswegs alle Rätsel des Universums gelöst. Aber wir haben genügend an Physik der Schwerkraft und Materie dazugelernt, um wenigstens ein Bild der physikalischen Zukunft der materiellen Welt zu zeichnen – der Elementarteilchen, des Planeten Erde, des Sonnensystems, der Milchstraße.

Ernst nehmen wollen wir die gegenwärtige Behauptung der Astronomie, der Kosmos sei »offen«, expandiere also für alle Zukunft. Das Bild, das sich darin entwerfen läßt, wird, wenn auch noch nicht völlig »richtig«, so doch weitaus realistischer sein als bisherige Visionen vom Ende der Welt.

Nachdem die Vorstellungen von Hölle, Fegefeuer und ewigem Paradies jahrhundertelang ein christlich geprägtes Abendland eschatologisch entzückt wie gepeinigt hatten, sahen die Physiker des 19. Jahrhunderts die Welt auf lange Sicht im »Wärmetod« erstarren. Die Fortschritte vor allem in der Thermodynamik, der Theorie der Wärme, erzielt durch Carnot (1824), Lord Kelvin (1852), Helmholtz (1854) und Clausius (1865), überzeugten damals die naturwissenschaftliche Öffentlichkeit davon, daß der Endzustand des Universums das thermodynamische Gleichgewicht sei.

»Von da an ist das Universum zu einem Zustand ewiger Ruhe verdammt« (Helmholtz). Clausius malte sich die fernen Tage so aus: »Je mehr das Universum den Grenzzustand erreicht, in dem die Entropie maximal ist, desto mehr verringern sich die Gelegenheiten für weitere Veränderungen.« Wenn dieser Zustand erreicht sei, fährt Clausius fort, dann sei »das Universum in einem Zustand des unveränderlichen Todes«.

Diese Vorstellung blieb lange Zeit gültige naturwissenschaftliche Weltanschauung, wurde nur ergänzt um die Strahlungstheorie Maxwells und Einsteins Äquivalenz von materieller und Strahlungsenergie und überlebte sogar noch die ersten Jahre der Quantenmechanik.

So schrieb Sir Arthur Eddington 1931: »Es wird weiterhin angenommen, daß Materie sich langsam in Strahlung verwandelt. Falls ja, dann scheint es, daß das Universum letztlich zu einer ständig wachsenden Strahlungskugel wird, deren Strahlung sich zunehmend verdünnt und zu immer längeren Wellenlängen verschiebt.«

Damit schien das Thema abgehakt – bis in die letzten zwei Jahrzehnte, in denen Astrophysiker von Entdeckung zu Entdeckung jagten, hart gefolgt von den Elementarteilchenphysikern, denen die siebziger Jahre den größten Teilchensegen in der Geschichte der Physik bescherten.

Kein Wunder, daß das relativ simple Bild vom Wärmetod im Ansturm der neuen Erkenntnisse begraben werden mußte; aber es dauerte bis 1980, bis Physiker sich der Auswirkungen auf ihr Weltbild bewußt wurden. Aufs neue kritisch gestellt werden mußte die Frage: Erfriert das Universum in einem Zustand andauernder physikalischer Ruhe, wenn es sich ausdehnt und abkühlt?

Die Antwort Jahrgang 1980 lautet, in Umkehrung der Aussage gegeben vor 100 Jahren, eher »Nein«. Der »Fehler«, den die Thermodynamiker des letzten Jahrhunderts begingen, lag darin, die Einflüsse der Schwerkraft außer acht zu lassen. Die Gravitation ist – so glauben wir jetzt – der treibende Motor, der auch ein ewig expandierendes Universum, entgegen dem rein thermischen Wärmetod, in Bewegung hält.

Um die Vorgänge, die in einem offenen Universum langfristig ablaufen, wenigstens ungefähr zu beschreiben, geht man am einfachsten davon aus, daß

– die Naturgesetze sich weder zeitlich noch räumlich verändern;

– wir alle wesentlichen Naturgesetze bereits kennen.

Die Gründe für diese Annahmen sind vor allem pragmatischer Natur: Zum einen mögen bereits die bekannten Gesetze, wie bei Gamow, zu wichtigen neuen Fragen führen. »Man ist besser zu kühn als zu furchtsam«, sagt Dyson. Zudem spricht eine Reihe von Beobachtungen dafür, daß die Naturgesetze sich allerhöchstens extrem wenig in großen Zeiträumen veränderten. In einem »geschlossenen«, also bald wieder kollabierenden Kosmos könnten fast alle der im folgenden betrachteten Prozesse gar nicht stattfinden – aus Zeitmangel. Uns soll hier interessieren, was in der *fernen* Zukunft passieren könnte, weit jenseits der nächsten Hundert Milliarden Jahre! Was passiert nun in einem ewig expandierenden Kosmos?

Die Zuletztgekommenen treten zuerst wieder ab: die Sterne. Nach dem Urknall kühlte das heiße, kosmische Gas ab und bildete die ersten leichten Elemente Wasserstoff und Helium. Dieses Gas ballte sich alsbald zu Wolken kosmischer Dimension zusammen, aus denen die Galaxien mit ihren Milliarden von Sternen entstanden.

Die Sterne mit den größten Massen leben am kürzesten. Sie verbrauchen ihre Wasserstoffvorräte durch Kernfusion am schnellsten. Je nach Masse erleiden die Sterne eine von drei möglichen Todesarten als kompaktifizierter stellarer Körper: als Weißer Zwerg, als Neutronenstern oder als Schwarzes Loch.

Bei einem – etwa erdballgroßen – Weißen Zwerg vermögen dessen Elektronen, und bei einem Neutronenstern noch dessen Neutronen, genügend Gegenkraft aufzubringen, um die Schwerkraft der hochkomprimierten Sternmaterie auszugleichen, so daß die Schrumpfbewegung bei einem bestimmten Sternradius stoppt.

Dagegen schreitet beim Kollaps eines Körpers von mehr als zwei oder drei Sonnenmassen die Schwerkraftimplosion ungehindert zu einem Schwarzen Loch fort: Es bleibt ein Bereich des Raumes übrig, in dem das Gravitationsfeld so stark ist, daß selbst Licht nicht mehr daraus entweichen kann.

Ein Durchschnittsstern wie die Sonne hat noch runde fünf Milliarden Jahre vor sich, bevor er – über eine Zwischenphase als aufgeblähter Roter Riese – zu einem Weißen Zwerg degeneriert und langsam bis zu einem »Schwarzen Zwerg« abkühlt.

Kleinere, masseärmere Sterne entwickeln sich langsamer; aber nach etwa 10^{14} Jahren werden auch sie zu Schwarzen Zwergen verkümmert sein. Ein Vergleich mit anderen vertrauteren Zeitskalen ist hier angebracht. Das bisherige Alter des Universums wird auf 2×10^{10} (20 Milliarden) Jahre geschätzt. Der »Tod« aller Sterne wird also nach dem Fünftausendfachen der bisherigen Dauer des Universums erwartet. 20 Milliarden Jahre – nennen wir dieses Zeitintervall einmal »T« – waren dann, wenn einmal die Sterne verglüht sind, nur ein gutes Zehntel von einem Promille der dann verstrichenen Zeit; das ist, gemessen an den erst darauf folgenden Ereignissen, nur ein rasches Augenzwinkern eines »jungen« Universums.

Auch um die erkalteten Sterne werden weiterhin die Planeten kreisen – soweit sie nicht von ihrem Mutterstern fortgerissen werden. Das kann geschehen, wenn diese in die Nähe anderer Sterne geraten und mit diesen beinahe kollidieren. Das passiert naturgemäß am häufigsten in den galaktischen Zentren, weil dort die meisten Sterne konzentriert sind. Aber auch dort, wo unsere Sonne sitzt, also in einem relativ dünn mit Sternen besiedelten äußeren Rand der Spiralgalaxie »Milchstraße«, wird im zeitlichen Mittel alle 10^{15} Jahre ein Planet durch einen »Near-Miss«, einen Beinahezusammenstoß, seinem Stern entrissen. Diese Zeitspanne ist das Zehnfache der vorherigen Zeitskala und bereits das 50 000fache von T.

Wenn Sterne nahe aneinander vorbeirasen, mit typischen Relativgeschwindigkeiten von 50 km pro Sekunde, wirft das nicht nur kleine Planeten aus ihrer Bahn, sondern auch die Sterne selbst. Wie zwei Billardkugeln, die bei passendem Kollisionswinkel ihre Bahnkurve um 90 Grad und mehr verändern, können auch Sterne so drastisch von ihrer gewöhnlich kreisförmigen galaktischen Bewegung abweichen, daß sie sich plötzlich auf das Zentrum zubewegen oder in den intergalaktischen Raum hinaustreiben.

Im Zeitmittel wird jeder Stern der Milchstraße alle 10^{19} Jahre von einer solchen Katapultschleuder erfaßt – und geht dabei meist der Milchstraße verloren. Diese Zeit entspricht bereits fast einer Milliarde T-Einheiten. Den gleichen Effekt haben – neben den Kollisionen von zwei Sternen – nahe Begegnungen zwischen drei Sternen. Sie sind zwar noch seltener, aber auf die Dauer von 10^{27} Jahren könnten allein dadurch 99 von 100 Sternen aus einer Galaxie gekickt werden.

Selbst ferne Sternbegegnungen beeinflussen die Entwicklung einer Galaxie. Dabei lenken sich die Sterne jeweils zwar nur wenig gegenseitig ab, dafür passiert es viel öfter. Zusammen mit den nahen Sternbegegnungen verändern sie eine Galaxie radikal:

Deren zentrale Region schrumpft, immer mehr Sterne werden auf engem Raum zusammengedrängt, während die anderen Sterne davontreiben – bis sie zu einem gemeinsamen Riesen-Schwarzen-Loch verschmelzen. Die Sterne der Randzonen werden währenddessen auf galaktische Fluchtgeschwindigkeiten beschleunigt und »verdampfen« gewissermaßen aus der Galaxie heraus. In den 10^{19} Jahren würde die Milchstraße dadurch über 90% ihrer Masse, das heißt 180 ihrer 200 Milliarden Sonnenmassen verlieren.

Auch Planeten derjenigen Sterne, die dabei unbehelligt in ihrer Umlaufbahn verbleiben, ereilt auf die Dauer ihr Schicksal. Gravitationswellen, die von Planeten wie von jeder bewegten Materie ausgestrahlt werden, entziehen den Planeten Bahnenergie. Folge: Ihre Umlaufbahn gerät zu einer zum Stern gerichteten Spirale, die den Planeten in etwa 10^{20} Jahren in seine Sonne stürzen läßt – oder in das, was dann noch von ihr übrig ist. Unsere kosmische Uhr zeigt inzwischen schon das Zehnmilliardenfache von T.

Da diese Zeitspanne hunderttausendmal länger ist als die Zeit für nahe Sternbegegnungen, wird die Erde wahrscheinlich viel eher der Sonne entrissen werden, als in sie hineinstürzen. Die Sonne könnte jedoch auch gemeinsam mit der Erde aus der Milchstraße geschleudert werden. Dann hätte die Erde in der Abgeschiedenheit des intergalaktischen Raumes alle Zeit, im Zeitlupentempo in den Schwarzen Zwerg zu stürzen, der einmal die Sonne war.

Zu diesem Zeitpunkt, nach 10^{20} Jahren, wäre die klassische Evolution des Kosmos abgeschlossen. Das Universum wäre in dieser Phase gefüllt mit Strahlung, deren Energie abnimmt – also zu langen Wellenlängen »rot« verschoben wird –, mit erkalteten Sternen, dünn verteilt über intergalaktische Weiten und mit Schwarzen Löchern von Sternmasse bis hin zu supermassiven Schwarzen Löchern mit über einer Million Sonnenmassen.

Danach hebt an, was als die »quantenmechanische Ära« des Universums bezeichnet werden könnte. Denn erst im weiteren Verlauf der Geschichte, in noch größeren Zeiträumen machen sich schwache quantenmechanische Prozesse bemerkbar, die vorher zu unwahrscheinlich und selten waren und daher keine Rolle spielten.

Das betrifft vor allem die Schwarzen Löcher im alternden Universum. Klassisch gesehen, das heißt so betrachtet, wie sie von Einsteins Allgemeiner Relativitätstheorie beschrieben werden, sind Schwarze Löcher »unsterblich«: Einmal im Kollaps geboren, können sie danach nur noch anwachsen, indem sie Materie und Strahlung verschlukken. Schwarze Löcher werden daher gerne als das »Grab der Sterne« bezeichnet. Sie sind jedoch nur eine vorübergehende Herberge der Materie, aus der sie einmal entstanden.

Seit 1974 glaubt man nämlich durch Berechnungen des theoretischen Physikers Stephen Hawking aus Cambridge, daß der Zustand als Schwarzes Loch kein dauerhaftes kühles Grab, sondern lediglich eine Übergangsphase im Leben eines Sterns darstellt – jedenfalls, wenn man eschatologische Maßstäbe anlegt (s. »Nacktheit und Tod der Schwarzen Löcher«).

Schwarze Löcher sind nach Hawking nicht völlig schwarz. Wegen Quantenfluktuationen im Gravitationsfeld geben sie vor allem elektromagnetische Strahlung ab, wie ein gewöhnlicher Schwarzer Körper, und verlieren dadurch an Masse.

Für Schwarze Löcher mit einer Sonnenmasse ist dieser Effekt recht klein; ihre Strahlung hat eine Temperatur von einem Zehnmillionstel Grad. Je kleiner aber die Masse, desto höher die Temperatur: Kleinere Schwarze Löcher sind heißer. Da ihre Masse durch den Strahlungsverlust abnimmt, werden sie noch kleiner und dadurch noch heißer, bis schließlich das Mini-Loch in einer mittleren Explosion, bei Temperaturen von hundert Millionen Grad, in Sekundenbruchteilen verdampft.

Hat man viel Zeit vor sich, ergeht es auch einem großen Schwarzen Loch letztlich nicht anders. Für ein Schwarzes Loch von einer Sonnenmasse dauert der Vorgang runde 10^{64} Jahre, für ein supermassives Loch mit der Masse der ganzen Milchstraße bis zu 10^{100} Jahre. Diese Zahl ist eine Eins mit hundert Nullen. Ausgeschrieben würde die Zahl anderthalb Zeilen dieses Textes füllen. Und eine Null aus Versehen zuviel wäre nicht nur »ein bißchen mehr«, sondern bedeutete gleich das Zehnfache.

Am Ende seines Lebens leuchtet also jedes Schwarze Loch noch einmal hell auf. »Das kalte expandierende Universum wird für eine lange Zeit durch ein gelegentliches Feuerwerk beleuchtet« (Dyson).

In einem Universum mit ewiger Expansion wird schließlich jedes Schwarze Loch, ob groß oder klein, verdampfen. Das heißt, alle Materie, die vorübergehnd in Schwarze Löcher eingefangen wird, wird nach einiger Zeit als Strahlung wieder »in Freiheit« gesetzt.

Die Diskussion über die Zukunft des Universums muß hier in wenigstens zwei Punkten durch zusätzliche Spekulationen ergänzt werden. Es stellt sich nämlich als bedeutsam für das weitere kosmische Schicksal heraus, ob 1. das Proton ein stabiles Teilchen ist; und was 2. die kleinstmögliche Masse eines Schwarzen Loches ist. So seltsam es klingt: Beide Eigenschaften beeinflussen wesentlich das Ende der Welt.

Gleich zu Punkt 2: Auch Körper, die weniger als zwei

Sonnenmassen schwer sind, können einmal zu einem Schwarzen Loch werden; zwar nicht durch einen klassischen Schwerkraftkollaps wie er am Ende der Sternentwicklung steht, sondern nur durch einen quantenmechanischen Effekt. Bei diesem als »Tunneleffekt« bezeichneten Phänomen können – mit einer bestimmten Wahrscheinlichkeit – auch Vorgänge eintreten, die nach der klassischen, nicht-quantenmechanischen Theorie eigentlich unmöglich sind.

Auf diesem Wege, in einer Art spontanen Kollaps, können auch Körper den Übergang zu einem Schwarzen Loch schaffen, deren Masse unterhalb der kritischen Masse liegt – allerdings viel seltener. Danach lösen sich, wegen des Hawking-Effektes, natürlich auch diese Schwarze Löcher wieder in Strahlung auf.

Davon betroffen sein können im Prinzip auch Kernteilchen wie das Proton. Nach einer groben Abschätzung durch den sowjetischen Astrophysiker Y. B. Z'eldovich könnten sich Protonen innerhalb 10^{45} Jahren in kleine Schwarze Löcher umwandeln. Das bedeutet: Nach dieser Zeit könnten durch die Umwandlungskette < Proton → (positiv geladenes) Schwarzes Loch → Strahlung plus ein Positron > die meisten Protonen zerfallen sein. Bei diesem Prozeß bleibt nur die positive elektrische Ladung des Protons – sie ist die gleiche wie die des Positrons – unverändert.

Damit dieser gravitative Zerfall überhaupt zum Zuge kommen kann, darf das Proton natürlich nicht vorher auf eine andere Art zerfallen sein. Damit sind wir beim Punkt 1 der »zusätzlichen Spekulationen«. Es ist heute noch eine ungeklärte Frage, ob das Proton bezüglich der Kernkraft ein stabiles Teilchen ist. Bisherige Experimente lassen diesbezüglich »erst« auf eine Stabilität des Protons von mindestens 10^{30} Jahren schließen.

Einige neue Versionen der »Großen Vereinheitlichten Feldtheorie« sagen dem Proton eine Halbwertszeit von etwa 10^{32} Jahren voraus. Weltweit laufen gegenwärtig Experimente, die diese Aussage überprüfen sollen.

Sollte das Proton tatsächlich instabil mit einer Zerfallszeit von 10^{32} Jahren sein, dann spielt der viel langsamere Zerfall über die Zwischenstufe als Schwarzes Loch natürlich keine Rolle mehr – nach 10^{45} Jahren gäbe es eben fast keine Protonen mehr. Im Falle der Stabilität des Protons bezüglich der Kernkraft bleibt dann immer noch die Frage, ob die Naturgesetze ein so kleines Schwarzes Loch, wie es aus der Masse eines Protons entstehen könnte, »zulassen«.

Was zeigt uns nach 10^{64} Jahren unser kosmischer Zeitrafferfilm? Das Universum dehnt sich in seiner räumlichen Unendlichkeit weiter aus; alle Sterne sind längst erloschen; alle Galaxien haben sich aufgelöst; ihre Strahlung, die nach wie vor den Kosmos durcheilt, kühlt sich ab auf Temperaturen um den absoluten Nullpunkt; gelegentlich explodiert noch ein Schwarzes Loch. Die supermassiven Schwarzen Löcher treiben noch im Dunkel, ebenso Schwarze Zwerge, verirrte Planeten, dazu intergalaktisches Gas und Staub, der zwischen allen verbliebenen Himmelskörpern umherströmt.

Die kosmische Expansionsgeschwindigkeit nimmt ständig ab und läßt schließlich zu, daß die elektrischen (Coulomb-)Kräfte zwischen Elektronen und Positronen wirksam werden können. Einerseits sind diese Teilchen so spärlich über den kosmischen Raum verteilt, daß sie sich – als gegenseitige Antiteilchen – kaum mehr paarweise vernichten. Andererseits bewegen sie sich allmählich so langsam, daß sie zusammen instabile, elektrisch neutrale Atome des »Positronium« bilden. Ein Positronium-Atom ist nach dem Muster eines Wasserstoff-Atoms aufgebaut. Nur umkreist jetzt das Elektron statt des Protons ein Positron. (Positronen und Elektronen haben die gleiche Masse, 1/1840 der Protonenmasse). Ein Positronium-Atom könnte sich in unserem heutigen Kosmos schon aus Platzgründen noch gar nicht bilden. Sein Durchmesser beträgt 10^{33} Zentimeter, ist damit eine Million mal größer als der sichtbare Kosmos. Elektron und Positron bewegen sich aufgrund ihrer gegenseitigen schwachen elektrischen Anziehung nur zeitlupenhaft umeinander: pro Jahrhundert um einen Tausendstel Millimeter.

Besonders viele Positronen und Elektronen gäbe es zukünftig dann, wenn nach vielleicht 10^{32} Jahren alle Protonen zerfielen. Die Zerfallsreaktion, bei der auch ein Positron übrigbliebt, wäre dann besonders häufig. Wie 1981 Don Page und M. Randall McKee berechneten, hätten sich alle freien Elektronen und Positronen nach runden 10^{71} Jahren zu Positronium-Atomen angeordnet. Ein Platzproblem gäbe es zu dieser Zeit nicht mehr. Der Kosmos hätte sich bis dahin auf das 10^{40}fache des heutigen Volumens ausgedehnt.

Trotz ihres irrwitzig langsamen kosmischen Reigens senden diese Teilchen elektromagnetische Wellen aus wie jede beschleunigte elektrische Ladung, deren Verhalten durch die Maxwelltheorie beschrieben wird. (Wir nehmen an, daß deren Gesetze auch noch in dieser fernen Zukunft gelten.) Die Strahlung bewirkt einen Energieverlust, und so nähern sich Elektron und Positron einander unmerklich langsam auf einer unendlich feinen Spiralbahn. Wo Zeit kein Ende nimmt, findet auch die winzigste Spiralbewegung einen Abschluß. Nach rund 10^{116} Jahren stoßen Positron und Elektron in den Positronium-Atomen zusammen und vernichten sich gegenseitig in einem kleinen Strahlungsblitz. Noch mehr Strahlung durcheilt das Universum, seine Entropie steigt. Gegenüber ihrem heutigen Wert von 10^9 Photonen pro Baryon wird sie dann auf 10^{22} Photonen pro Positronium-Atom angestiegen sein, also um das 10^{13}fache!

Was geschieht jetzt mit der verbliebenen Materie, die ebenfalls bis in die Nähe des absoluten Nullpunktes abgekühlt ist? Sie bleibt jedenfalls nicht, wie man glauben könnte, einfach festgefroren. Wiederum wegen Quantenfluktuationen – hier die sogenannte Nullpunktsenergie – kann sich Materie noch weiter verändern, auch wenn ihr alle thermische Energie längst entzogen ist.

Am absoluten Nullpunkt sind, in einem Felsbrocken etwa, alle Atome relativ zueinander scheinbar völlig starr angeordnet. Doch gelegentlich wird sich ein Atom bewegen und seine Lage verändern – wegen der besagten Nullpunktsenergie. Das hat zur Folge, daß auch die härtesten tiefgefrorenen Stoffe auf die Dauer weder ihre chemischen Bindungen noch insgesamt ihre Form aufrechterhalten können.

Wie in einer quasistarren Flüssigkeit wird – über Zeiträume von 10^{65} Jahren allerdings, also dem Zehnfachen der Lebenszeit eines Schwarzen Loches mit einer Sonnenmasse – jeder Fels, jedes Stück Eisen, jeder Diamant sich verformen, »schmelzen« und unter dem Einfluß der eigenen Schwerkraft Kugelgestalt annehmen.

Die Materie am absoluten Nullpunkt ist in diesem Sinne also flüssig. Auch ihre chemische Zusammensetzung verändert sich, denn chemische Reaktionen, Kernspaltungs- und Kernfusionsprozesse laufen weiter, allerdings in Zeiträumen, die nur das zeitlich unendliche Universum zu bieten hat. Was ist der Endpunkt aller chemischen und nuklearen Evolution?

Das stabilste aller Elemente ist das Eisen. Alle Elemente, die leichter sind als Eisen, werden sich mit der Zeit durch Kernfusion zu schwereren Atomen verschmelzen, bis die »Endstufe Eisen« erreicht ist. Umgekehrt sind alle schwereren Elemente als Eisen, selbst wenn sie für unsere Begriffe stabil sind, letztlich radioaktiv. Sie spalten sich oder senden Alphateilchen aus, bis nur noch Eisen übrigbleibt.

Diese Vorgänge sind fast unvergleichbar mit den uns geläufigen Prozessen der Radioaktivität und Kernfusion, die bei bestimmten Atomsorten (Uran), oder unter speziellen Umständen (in heißer, dichter Materie) auftreten. Der treibende Motor ist die Nullpunktsenergie, die jedes Atom und Molekül am absoluten Nullpunkt besitzt. Die Klassische Mechanik würde für sie den Wert Null vorhersagen.

Der mit Nullpunktsenergie betriebene Motor läuft fantastisch langsam; er treibt aber dafür *alle* Materie an, für diese Prozesse gibt es keine nicht-radioaktiven Elemente. Erst über Zeitspannen von 10^{1500} Jahren werden diese Umwandlungsprozesse sichtbar. In dieser Zeit erzeugt aber alle Materie »andauernd« Energie durch Spaltung oder Fusion, wenn auch in unvorstellbar geringer Menge.

Nach dieser Zeit gibt es Materie fast ausschließlich in Form von Asteroiden, Planeten und Schwarzen Zwergen geringer Masse. Sie alle werden bis dahin in kalte Kugeln aus blankem Eisen verwandelt sein.

Selbst diese Eisensterne haben ihren tiefsten, stabilsten Energiezustand noch nicht erreicht. Sie können immer noch beträchtlich Energie abgeben, wenn sie zu einem Neutronenstern zusammenschrumpfen − Energien vom Ausmaß einer Supernova. Für einen kleinen Eisenstern mit einem Drittel der Sonnenmasse wird es etwa $10^{10^{76}}$ Jahre dauern, bis er in den noch stabileren, da schwerkraftmäßig noch stärker an sich selbst gebundenen, Zustand eines Neutronensterns übergeht.

Die Zahl $10^{10^{76}}$, eine 1 mit 10^{76} Nullen, ist so »unsinnig« groß, daß jeder Versuch einer Vorstellung zum Scheitern verurteilt ist. In dieser Schriftgröße wäre die Kette der Nullen über 10^{57} Lichtjahre lang. Würde man die Nullen in eine Kugel packen, wobei jede nur einen Kubikmillimeter beanspruchte, bräuchte man dazu eine Kugel vom zehnfachen Durchmesser unserer Milchstraße.

46

Zeitmarken in einem ewig expandierten Kosmos

Bisheriges Alter des Kosmos	$2 \cdot 10^{10}$ Jahre
Sterne verlöschen	10^{14} Jahre
Sterne verlieren ihre Planeten	10^{15} Jahre
Galaxien verlieren ihre Sterne	10^{19} Jahre
Planeten stürzen in ihre Muttersterne	10^{20} Jahre
Protonen zerfallen	10^{32} Jahre (?)
Protonen zerfallen durch Schwerkraftkollaps	10^{45} Jahre
Stellare Schwarze Löcher zerstrahlen	10^{64} Jahre
Materie schmilzt am absoluten Nullpunkt	10^{65} Jahre
Positronium entsteht	10^{71} Jahre
Supermassive Schwarze Löcher zerstrahlen	10^{100} Jahre
Positronium zerstrahlt	10^{116} Jahre
Alle Materie verwandelt sich in Eisen	10^{1500} Jahre
Eisensterne kollabieren zu Schwarzen Löchern	$10^{10^{26}}$ Jahre (?)
Sternkollaps von Eisensternen zu Neutronensternen	$10^{10^{76}}$ Jahre

Ob es bei diesen zukünftigen Neutronensternen wirklich einen supernova-artigen Ausbruch geben wird, ist schwer vorherzusagen. Zumindest lassen sich beträchtliche Explosionsschauer in Form von Neutrinos und geringere Energiemengen als Röntgenstrahlen und sichtbares Licht vorhersagen. Auch dann wird das Universum noch gelegentliche Feuerwerke produzieren.

Die letze Verwandlung der verbliebenen Eisenkugeln in Neutronensterne findet nur statt, wenn die Eisenkugeln nicht vorher noch ein anderes Schicksal erlitten. Statt zu einem Neutronenstern kann auch eine Umwandlung in ein Schwarzes Loch eintreten, und zwar viel rascher. Wie rasch – das hängt wieder davon ab, wie klein die Masse eines Schwarzen Loches sein kann.

Diese Umwandlung zeigt nämlich eine für Schwarze Löcher typische Spezialität: Es muß nicht immer gleich der ganze Stern zusammenkrachen; auch ein kleiner Teil des Sterns, etwa sein Kern, könnte für sich zu einem kleineren Schwarzen Loch kollabieren. Sobald im Sterninnern ein kleines Schwarzes Loch entstanden ist, würde es sich aber – kosmisch gesehen – in kurzer Zeit die restliche äußere Sternhülle einverleiben.

Nun kollabiert aber eine kleine Masse – quantenmechanisch gesehen – eher zu einem Schwarzen Loch als eine große Masse. Folge: Ein Eisenstern kann viel rascher zu einem Schwarzen Loch als, insgesamt, zu einem Neutronenstern werden. Annahme dabei ist, daß es die im Sternkern entstehenden, kleineren Schwarzen Löcher tatsächlich gibt. Die Testfrage ist wirklich: Was »erlauben« die Naturgesetze?

Die Antwort darauf kann heute nicht mit Sicherheit gegeben werden, da eine Theorie, die Schwerkraft mit Quantenphysik vereint, noch nicht vorliegt. Hier haben wir eine Lücke in unserer Annahme, alle wesentlichen Naturgesetze schon zu kennen.

Gewisse Modelltheorien, etwa die, mit der Hawking die

Zerstrahlung der Schwarzen Löcher vorhersagen konnte, legen immerhin eine Möglichkeit nahe: Das kleinste physikalisch mögliche Schwarze Loch ist ein Hunderttausendstel Gramm schwer – die sogenannte Planck-Masse.

Wenn dies zutrifft, verwandelte sich ein Eisenstern über die Stadien < Eisenstern → Schwarzes-Mini-Loch im Sterninnern → stellares Schwarzes Loch durch »Auffressen« > bereits in »nur« $10^{10\,26}$ Jahren.

Auch die so entstehenden Schwarzen Löcher werden später zerstrahlen. Was bleibt also? Nur Staubteilchen mit weniger als 100 Mikron Durchmesser wären stabil gegen Kollaps und überdauerten auch die Ewigkeit. Dazu: gelegentliche, seltener werdende Feuerwerke durch explodierende Schwarze Löcher – und Strahlung, die sich ausdünnt.

Die hier präsentierte Liste der Prozesse ist sicherlich unvollständig. Auch wurde jeder mögliche Einfluß intelligenten Lebens – technologischer Superziviliationen – auf die kosmische Entwicklung der Materie außer Betracht gelassen.

Ebenso: Die Frage, wie lange sich Leben in irgendeiner Form in einem solchen Kosmos behaupten kann, muß offen bleiben – niemand kennt die Antwort.

Doch, so Dyson, »soweit wir uns die Zukunft vorstellen können, ereignen sich immerfort Dinge. In einem offenen Kosmos hat Geschichte kein Ende.«

Teil II
Leere,
Sein und
Vergehen

Was ist Zeit?
Wenn mich niemand fragt, weiß ich es.
Wenn ich es jemandem erklären soll, weiß ich es nicht.

Augustinus, Bekenntnisse

3. Die Pfeile der Zeit

Über den unverstandenen Unterschied zwischen Vergangenheit und Zukunft

Was Raum ist, glauben wir zu wissen. Er erstreckt sich um uns, wir sehen Dinge in verschiedenem Abstand. Anders die Zeit. Keiner unserer fünf Sinne nimmt Dinge wahr, die in der Zeit verteilt sind, die *waren, sind* oder *sein werden*. Und doch ordnen wir – mit Hilfe der Zeit, die wir in uns fühlen – sehr leicht die Ereignisse in Vergangenes und Zukünftiges. Vielleicht weil wir zwar ein Zeiterlebnis, aber kein separates Organ für die Zeit haben, bedrängen uns Fragen, die uns das Wesen der Zeit faßbar machen sollen. Verfließt Zeit regelmäßig? Hat sie einen Anfang und kann sie ein Ende haben? Wohin glitt die Vergangenheit? Können wir »durch die Zeit« reisen? Kann sie sich zyklisch zu einem Kreis schließen und können wir dadurch zu ihrem Anfang zurückkehren? Welche dieser Fragen sind überhaupt beantwortbar, und welche sind bedeutungslos – aber warum beunruhigen sie uns dann?

Die Zeit, jenes Hauptwerkzeug zur Beschreibung von Veränderungen, und die ebenso stark empfundene Richtung der Zeit sind – so soll diese Betrachtung zeigen – bis heute nicht oder nur rudimentär verstanden worden. Damit ist ein Grundelement unserer Existenz noch nicht durchschaut – trotz zweitausend Jahren Philosophie und dreihundert Jahren moderner Naturwissenschaft.

Das wenige Handfeste, was uns die Wissenschaft über unser Zeitempfinden mitteilt, liefern Sinnesphysiologie und Psychologie – Reaktionszeiten und Wahrnehmungsintervalle, also die Wahrnehmung kleinstmöglicher Zeitunterschiede.

Reaktionszeiten: Meßbar ist die Zeit zwischen Hör-, Seh- und Tastreizen und der entsprechenden Gehirnreaktion. Ein akustisches »Klick« erreicht die primäre Hörrinde nach 7 bis 10 Millisekunden, ein Lichtblitz die Sehrinde nach 17 bis 25 Millisekunden, und ein Tastreiz ist ebenso lang unterwegs. Eine bewußte Reaktion allerdings, ein Knopfdruck etwa, läßt wesentlich länger, mindestens zehnmal so lange oder 250 Millisekunden auf sich warten.

Augenblicksmessung: Das Bewußtsein des Augenblicks, des *Jetzt*, »das flinke Nu, das ewig ausgerissen zwischen Gewesensein und Seinwerden liegt« (Friedrich Wilhelm Korff), »scheint das Grund-Phänomen des Zeit-Erlebens überhaupt zu sein«. Das stellte der Münchener Neurophysiologe Ernst Pöppel zum neurologisch-psychologischen Verständnis der Zeit fest. Das *Jetzt* sei da nicht nur ein punktförmiger Moment – es »dauert« etwas; was rasch aufeinanderfolgt, kann trotzdem gleichzeitig sein; und was ungleichzeitig ist, ist noch kein Nacheinander.

Die Dauer des Augenblicks der Gegenwart, genauer: das Bewußtsein des Jetzt-Erlebens kann, so Pöppels Befund, sich bis zu 3 Sekunden erstrecken. Zwei aufeinanderfolgende (Hör-)Ereignisse müssen um mehr als eine halbe Hundertstelsekunde auseinanderliegen, damit sie als nicht mehr gleichzeitig wahrgenommen werden, auch wenn dabei noch nicht festgestellt werden kann, welches dieser Ereignisse vor dem anderen eintrat. Das gelingt erst bei einem Ereignisabstand von mindestens 3 Hundertstelsekunden.

Ähnliche Befunde für das Sehen gibt es von B. Libet. Werden verschiedene Gegenstände gleicher Helligkeit mit kurzer Zeitverzögerung präsentiert, so können die Augen zwischen rechtem und linken Objekt noch Zeitunterschiede von 0,15 Millisekunden wahrnehmen. Kürzere Abstände werden als gleichzeitig empfunden. Eine Entscheidung über die Reihenfolge der Ereignisse – rechts vor links oder links vor rechts – dauert länger, typischerweise 25 bis 50 Millisekunden.

Unsere Gegenwart – beziehungsweise unser subjektives Bewußtsein davon – trennt Vergangenheit und Zukunft. An die Vergangenheit erinnern wir uns; die Zukunft erwarten wir. Die Vergangenheit, so sagt uns die Erinnerung, steht unverändert fest; die Zukunft dagegen scheint uns (in Grenzen) frei gestaltbar zu sein durch absichtsvolles Handeln. In der Gegenwart, der Schnittstelle zwischen beiden, wird durch jedermanns gleichzeitiges Denken und Handeln sowie den Lauf der Dinge Zukunft zu Vergangenheit, zur Geschichte »verarbeitet«. Das Gegenwartsmoment, so empfinden es viele, »bewegt« sich gleichmäßig aus der Vergangenheit in die Zukunft. Dieser Eindruck wird oft so übermächtig, daß er nicht nur für einen Aspekt der geistigen Aktivität, sondern für eine Eigenschaft der Zeit selbst gehalten wird: Es sei der für alle gleiche, objektive »Fluß« der Zeit, auf dem wir uns bewegen wie auf einem Gewässer.

Illusionäres und Paradoxes

Was ist die Zeit für ein Stoff, der in diesem Prozeß »verbraucht« wird, in dem wir älter werden, der Werden und Vergeben verknüpft mit dem Altern, den Lebensvorgängen, der Welt und dem Kosmos? Und woher stammt dieser uns doch so vertraute Vorgang, die ständige scheinbare Bewegung von der Vergangenheit in die Zukunft, die wir mit einem Gefühl des Übergangs begleiten?

Zeit ist eben kein »Stoff« sondern eine Abstraktion, gewonnen aus dem Vergleich von Vorgängen. Die Auswahl bestimmter Standardvorgänge als »Uhren« schafft dann einen verbindlichen Begriff von Zeit. Wie zweifelhaft aber die Evidenz von Zeit und Zeitrichtung gerade dem Naturwissenschaftler ist, der es doch genau wissen sollte, zeigt Albert Einsteins Ausspruch: »Der Unterschied zwischen Vergangenheit, Gegenwart und Zukunft ist für uns Wissenschaftler eine Illusion, wenn auch eine hartnäckige.«

Illusionäres und Paradoxes haftet auch unserer Zeitschätzung, dem Gefühl von der Dauer und Geschwindigkeit des Zeitflusses an. Es hängt von unserer Aktivität ab. Perioden geringer Motivation oder geringen Erlebniswertes werden als lang und langweilig empfunden, in der Erinnerung dagegen als kurze Zeitspannen; aufregendere Zeiten werden »rasch« durchlebt, in der Erinnerung aber zu langen Zeitspannen.

Subjektive Zeit und subjektiver Zeitfluß sind zwar fest in unserer Sprache verankert in einer bunten Mischung unterschiedlicher Begriffe über die Natur der Zeit. Sie verwirren aber wegen ihrer Vieldeutigkeit und Widersprüchlichkeit auch philosophische Geister. »Inmitten dieser Konfusion«, stellt der amerikanische Physiker Edward R. Harrison fest, »debattieren wir Themen wie die Natur der Zeit, den Pfeil der Zeit, freien Willen gegen Determinismus. Wir stellen uns Zeit vor, die an uns vorüberströmt, Zukunft, die sich nähert, Vergangenheit, die sich entfernt; und unsere Gedanken umfangen die widersprüchlichen Konzepte von Vergänglichkeit und Beständigkeit, die wir noch nicht in Einklang bringen konnten. Wir brauchen nur zu fragen, mit welcher Geschwindigkeit sich das ›Jetzt‹ durch die Zeit bewegt und wie das Gefühl von Vergehen vereint werden kann mit Beständigkeit, um zu bemerken, daß wir noch immer Zeit nicht verstehen.«

Klar, daß diese Konfusion auf der Sprachebene der Naturwissenschaft sich zum Konflikt verschärft. Aber verstehen Physiker das Phänomen Zeit besser als Philosophen? Obwohl die Physiker es gelernt haben, für ihre Bedürfnisse durchaus zufriedenstellend mit der Zeit umzugehen, bleibt vor allem die *Richtung* des Zeitflusses, der Pfeil der Zeit ein ungelöstes Problem der Naturwissenschaft.

Die Physik versuchte erst gar nicht, den komplizierten und unklaren subjektiven Zeitbegriff zu übernehmen. Wie in vielen anderen Fällen gelangte sie zum Erfolg durch einen bewußten Rückzug aus der menschlichen Erlebnissphäre, durch eine radikale Vereinfachung des Zeitbegriffs, mit dem sich dann aber verbindlich operieren ließ. Umgekehrt darf es deshalb niemanden überraschen, wenn die »Zeit« der Physiker viele Aspekte unserer persönlichen Zeiterfahrungen nicht wiedergibt. Daß die Naturwissenschaft damit auch auf einen Teil der menschlichen Erfahrung verzichtet, ist ihr Gewinn und Gebrechen zugleich.

Aristoteles stellte bereits scharfsinnige und für die moderne Naturwissenschaft grundlegende Überlegungen über das Wesen der Zeit an: »Von der Zeit ist das eine schon gewesen und ist nicht mehr; das andere wird sein und ist noch nicht. Aus diesen beiden Teilen ist sowohl die unbegrenzte wie auch die jeweilige Zeit zusammengesetzt. Was aber aus Nichtseiendem zusammengesetzt ist, dies kann unmöglich, wie es scheint, am Sein teilhaben.« Er bemerkt, daß die Zeit zwar eng mit Veränderung verbunden ist. So »vollzieht sich eine Veränderung schneller und langsamer, doch von der Zeit gilt das nicht. Schnell langsam werden vielmehr an der Zeit gemessen... Die Zeit wird selber nicht durch die Zeit gemessen, weder nach ihrer Quantität, noch nach ihrer Qualität... Also ist es klar, daß die Zeit nicht eine Bewegung ist.«

Konsequent ließ Aristoteles das Jetzt auf einen Punkt

schrumpfen (»gegenwärtig existiert nichts«) und führte sie als eine gleichmäßig ablaufende, »lineare, homogene« Größe – wie Physiker heute sagen würden – ein.

Den objektiven Zeitbegriff der klassischen Physik (klassische Mechanik) faßte dann Newton 1687: »Die absolute, wahre und mathematische Zeit verfließt an sich und vermöge ihrer Natur gleichförmig und ohne Beziehung auf irgendeinen äußeren Gegenstand.«

Erschütterung durch Einstein

Ein Bedürfnis ließ sich damit auf jeden Fall schon befriedigen: Ordnung in die Fülle der Ereignisse zu bringen. Mit der Beziehung »früher, gleichzeitig oder später« konnten Ereignisse im Sinne einer Chronologie *bezeichnet* werden – dies eine Forderung der Gesellschaft und später auch der Technik. So wurde das Gedächtnis einzelner Individuen zu einem Gesamtgedächnis, genannt Geschichte, inklusive der Katalogisierung von Naturereignissen zusammengefaßt. In Newtons Fassung ist die Zeit absolut, und alle Raumpunkte des Universums sind jeweils zueinander gleichzeitig. Dieser Zeitbegriff erfüllte auch die intuitive Vorstellung von einer universell gültigen Kausalität, einem zeitgerichteten Konzept, nach dem jede Wirkung eine Ursache in der Vergangenheit haben muß.

Erst 1905 erschütterte Einstein mit seiner (speziellen) Relativitätstheorie diese Sonderstellung der Zeit, indem er sie als beinah gleichberechtigte Dimension dem dreidimensionalen Raum als vierte Dimension hinzufügte und mit diesem zu einer einheitlichen, vierdimensionalen Raum-Zeit verschweißte. In diesem Bild »gefror« das Schicksal eines Individuums (oder Teilchens beispielsweise) zu einer in der Raum-Zeit fixierten »Weltlinie«, die wie ein aufgerollter Film das Leben von tiefster Vergangenheit bis in fernste Zukunft in einem starren Bild festhielt.

Herrmann Minkowski, auf den die mathematisc┐ struktion der Raum-Zeit zurückgeht und die n┐ kurz »Minkowski-Raum« genannt wird, schrieb daz┐. »Raum und Zeit für sich völlig zum Schatten herabsinken. Nur noch eine Art Union der beiden soll Selbständigkeit bewahren«.

In der Raum-Zeit war kein Platz für einen »Fluß der Zeit« oder gar eine universelle »Gegenwart«. Vielmehr erzwang die Unmöglichkeit einer Fernwirkung mit Überlichtgeschwindigkeit eine Revision der Gleichzeitigkeit und der Kausalität. Das »Vorher – Nachher« war nur mehr in bezug auf bestimmte einzelne Ereignisse oder einzelne Beobachter-Weltlinien zu erklären, war gleichzeitig, hing damit von der Geschwindigkeit des Beobachters ab.

Diese abgehobene Raum-Zeit-Vorstellung hat durchaus etwas Göttliches an sich. Sie ist aber eigentlich der Standpunkt des allmächtigen Gottes des Christentums in neuem Gewand: »Gott« steht ebenfalls außerhalb von Raum und Zeit und existiert »von Ewigkeit zu Ewigkeit«. Noch für den leidenschaftlichen Metaphysiker Newton war deshalb der Raum ein Sinnesorgan Gottes.

Doch der Mensch ist kein Gott. Er steht in der Zeit und erlebt eine Welt, die mit Zeitpfeilen nur so gespickt zu sein scheint – will sagen: mit Phänomenen, deren »zeitgespiegelte« Umkehrung wir nicht beobachten. Beispiele finden sich zuhauf, doch treten die Pfeile der Zeit nur in relativ wenigen, grundsätzlich voneinander verschiedenen Kategorien auf.

Beispiel Mechanik: Eine alte, mechanische Uhr fliegt – Argument in einem Ehezwist – an die Wand. Scheppernd zerspringt sie in tausend Stücke. Etwas völlig Normales, möchte man meinen. Doch die zeitliche Umkehr – Schrauben, Federn und Zahnräder treffen in einem Punkt zusammen und prallen als intakte Uhr zurück – ist nie beobachtet worden. Schlimmer noch: Eine Welt, in der solches vorkäme, hätte eine ganz andere Art der Kausalität.

Ähnliches gilt für das Licht, dessen Verhalten von der Elektrodynamik beschrieben wird. Wir sind zwar daran gewöhnt, daß Sterne, Radio- und Fernsehstationen kugelförmige elektromagnetische Wellen aussenden. Aber nicht erlebt haben wir bislang, daß Sterne Strahlung konzentrisch auffangen oder eine Radiosendung kugelförmig aus dem Unendlichen auf die Erde trifft und in den Fernsehsender einschlägt.

Auch das Verhalten der Wärme (Thermodynamik) kennzeichnet eine Vorzugsrichtung der Zeit. Nach dem »zweiten Hauptsatz der Thermodynamik« fließt Wärme in einem abgeschlossenen System stets so, daß eine Zustandsgröße, nämlich die Entropie, niemals ab-, sondern meistens zunimmt. Die Entropie mißt die Unordnung im System. Wohlgeordnetes hat eine niedrigere, Chaotisches eine größere Entropie. Die ständige Zunahme der Entropie kennzeichnet den »richtigen« Zeitpfeil. Wärme fließt so lange, bis sie überall gleich verteilt ist und kein Temperaturgefälle mehr existiert. Erst in diesem Endzustand des thermischen Gleichgewichtes, dem »Wärmetod«, verliert sich der Zeitpfeil. Wo sich nichts mehr verändert, werden Vergangenes und Zukünftiges dasselbe.

Dieses Gleichgewicht ist im Wärmetod allerdings kein statisch ruhender, festgefrorener Zustand der Materie. Vielmehr ist das Verhalten im Gleichgewicht nur für das Gesamtverhalten, den beobachtbaren Makrozustand bestimmend, also nur im statistischen Mittel vieler mikroskopischer Bewegungsabläufe. Der Zustand ist stabil. Die Entropie hat ihren maximal möglichen Wert erreicht. Jedes Molekül des Systems hat seine Vorgeschichte »vergessen«. Auch wenn man alle Teilchengeschwindigkeiten in einem bestimmten Moment umkehren könnte, würde es nicht zu einem Zustand seiner Vergangenheit zurückkehren. Das Gleichgewicht ist aber Schwankungen, »Fluktuationen«, unterworfen, die das Gleichgewicht stören. Die Schwankung erhöht aber selbst geringfügig die Entropie, und so klingt sie um so schneller wieder ab, je größer sie ist. »Es gibt«, wie Manfred Eigen 1983 in einem Aufsatz über »Evolution und Zeitlichkeit« notierte, »im statistischen Mittel eine zeitliche Vorzugsrichtung, nämlich ›hin zum Gleichgewicht‹, aber nicht derart, daß auf der Ebene der Mikrozustände der Prozeß ›nur‹ in einer Richtung ablaufen kann. Gleichgewicht ist gar nicht für den einzelnen Mikrozustand definiert.«

Die Veränderung ist irreversibel zum Gleichgewicht hin und hält so lange an wie noch Wärme- und Energieströme fließen, »dissipieren« können. Solange die Welt noch im Nichtgleichgewicht ist, wächst die Entropie an und zeichnet damit eine »schwache Zeitlichkeit« (Eigen) aus. Sie ist Ausdruck des thermodynamischen Zeitpfeils. Wenn im endgültigen Gleichgewicht die Entropie konstant wird, ist auch die Zeitrichtung, ihre schwache Zeitlichkeit aufgehoben.

Die schwache Zeitlichkeit des thermodynamischen Zeitpfeils setzt zwar ein Nichtgleichgewicht der Welt voraus, charakterisiert das universelle Verhalten aber nur *in der Nähe* des Wärmetodzustandes. Weiter weg vom Gleichgewicht kann das Systemschicksal völlig andere Wege einschlagen; es kann, ausgelöst durch Schwankungen, zur Katastrophe kommen. Dies ist der Fall bei »offenen« Systemen wie der Erde, wo von außen ständig Energie durch die Sonnenstrahlung zugeführt und nach ihrem Verbrauch als Wärmemüll wieder nach außen ins Weltall abgegeben wird. Der Systemzustand ist dann nicht mehr absolut stabil sondern nur mehr metastabil. Die unvermeidlichen statistischen Schwankungen steigern nun nicht mehr notwendig die Entropie; sie können sie in räumlich begrenzten Gebieten auch absenken. Dies ist der Beginn einer möglichen Katastrophe, die das System als Ganzes verändert. Die Entropieabnahme verstärkt die Schwankung selbst und zwingt das System schließlich dazu, seinen ursprünglichen Zustand zu verlassen. Eine neue, notwendig komplexere Struktur stellt sich als neuer, wiederum metastabiler Zustand ein. Die anfänglich statistische Schwankung hat dem System damit eine neue und einmalige Ordnung aufgezwungen. Es gewinnt dadurch eine gewisse Individualität. Denn *welche* anfängliche Schwankung sich dabei durchsetzt, ist in der Regel nicht vorhersagbar. Das System »vergißt« abermals seine Vergangenheit und kann nun auch durch veränderte Energiezufuhr nicht mehr zum alten Zustand zurückgeführt werden. Solche »Fluktuationskatastrophen« führen zu einer, wie Eigen es nennt, »starken Zeitlichkeit«. Sie manifestiert sich makroskopisch und fixiert den Pfeil der Zeit, von der Vergangenheit in die Zukunft weisend.

Da die Entropie nicht global, sondern nur lokal abnimmt, ergibt auch dies, zumindest lokal, einen Zeitpfeil, der u. a. für alle biologischen Systeme charakteristisch ist. Daß dieser biologische oder der vorher genannte thermodynamische Zeitpfeil mit der erwähnten »Geschichtlichkeit« der Welt zusammenhängt, einem weiteren Zeitpfeil, ist oft postuliert worden. Soweit es sich dabei um das menschliche Gedächtnis handelt (und nicht um Bibliotheken, Fossile usw.), wäre dazu genauer der Prozeß des Erinnerns zu betrachten. Physikalisch gesehen bedeuten Gedächtnisfunktionen die Speicherung elektromagnetischer Signale über mikroskopisch-abrufbereite Anregungszustände der Materie.

Deshalb könnte die Geschichtlichkeit der Welt auch mit dem Zeitpfeil der Mikrophysik in der Quantenmechanik zusammenhängen, in der solche Zustände von Atomen und Elementarteilchen beschrieben werden. Es scheint der Akt der Messung zu sein (erst messen – dann nachschauen), der hier eine Zeitrichtung einführt.

Schließlich treten Zeitpfeile noch auf bei exponentiell zerfallenden Zuständen, wie der Radioaktivität; außerdem in der Gravitation, und zwar dort auf zweifache Weise. Zum einen bei der Expansion des Weltalls. Die ständig fortschreitende Ausdehnung des Kosmos unterscheidet überall zwischen Vergangenheit und Zukunft. (Das gleiche würde auch in einem kontraktierenden Weltall gelten.) Zum anderen gibt es eine schwerkraftbedingte zeitliche Vorzugsrichtung beim Kollaps gealterter Sterne zu Schwarzen Löchern. Schwarze Löcher sind »Schlünde«, deren Schwerefeld so stark ist, daß aus ihnen nichts, nicht einmal Licht entweichen kann – eine Art kosmischer Badewannenabflüsse, die wie absolute Einbahnstraßen wirken. Wo aber nur etwas hinein, aber nichts heraus kann, hat man auch einen Zeitpfeil.

Allerdings sind auch zeitgespiegelte Schwarze Löcher, die sogenannten Weißen Löcher denkbar. Diese haben den umgekehrten Zeitpfeil: Aus ihnen kann nur etwas heraus, aber nichts hinein. Derzeit glaubt man, einige Schwarze Löcher unter den Sternen entdeckt zu haben. Aber nur wenn ein fiktiver »Kosmischer Zensor« wirklich auch Weiße Löcher strikt »verboten« hätte, so jedenfalls die Hypothese des Oxford-Physikers Roger Penrose, dann gäbe es auch den Zeitpfeil der Schwarzen Löcher. (S. »Nacktheit und Tod Schwarzer Löcher«)

Ein Rätselpaket

In allen genannten Beispielen tritt ein Dilemma zutage, das bereits in den Gesetzen der Naturwissenschaftler angelegt ist. Die Naturgesetze erlauben alle – mit einer seltenen Ausnahme in der schwachen Kernkraft – eine Vielzahl denkbarer Naturabläufe. Unterteilt man diese mit Hilfe des subjektiven Wissens über die Zeit in zukunftsorientierte und vergangenheitsorientierte Vorgänge und vergleicht sie mit den Beobachtungen, so merkt man, daß dort nur die eine Hälfte, die zukunftsorientierten Prozesse, auftreten.

Unsere an der Physik orientierte Art der Naturbeschreibung stützt sich auf Naturgesetze und Randbedingungen beziehungsweise Anfangsbedingungen. Auf die letzteren kommt es offenbar an. (Das Wort »Anfangsbedingungen« suggeriert übrigens zu Unrecht schon eine Zeitrichtung; es könnte auch durch Endbedingungen ersetzt werden.) Sie sind es, mit denen wir bei der Beschreibung der Natur die überzähligen vergangenheitsorientierten Vorgänge eliminieren. Doch wie kam es zu dieser Auswahl der Natur? Was fehlt uns an Erkenntnis?

Ist also der Zeitpfeil eine zwar erfahrene, aber auch selbstfabrizierte »Illusion«, auch wenn die faktischen Zeitpfeile verschiedener Phänomene die Naturvorgänge regieren und – Zufall? – alle in ihrer Richtung übereinstimmen. Die Existenz dieser Zeitpfeile an sich, die Übereinstimmung in ihrer Zukunftsorientiertheit sowie ihre mögliche Abhängigkeit von einem alles Geschehen dominierenden »Super-Zeitpfeil«, stellt ein Rätselpaket dar, von dem leider gesagt werden muß, daß es die Wissenschaft noch nicht aufgeschnürt hat. Es wäre doch denkbar, daß einige Zeitpfeile, unabhängig voneinander, nicht in die Zukunft, sondern in die Vergangenheit zeigen. Könnten aber in so einer »zeitgemischten« Welt überhaupt Lebewesen existieren? Weitgehend offen ist schließlich auch noch der Zusammenhang zwischen dem realen physikalischen Zeitpfeil der Welt einerseits und der scheinbar illusionären Bewegung der psychologischen Zeit, der »Bewegung des Jetzt-Moments«, andererseits.

Die Hartnäckigkeit der Illusion, so wie Einstein sie sah, ernstnehmend, versuchte Carl Friedrich von Weizsäcker folgende Interpretation des quantenmechanischen Zeitpfeils: Der Unterschied zwischen Vergangenheit und Zukunft liege eben in der Art begründet, wie Menschen Kenntnisse aufnehmen. Es sei eine Erfahrung, daß Menschen ein Gedächtnis haben und daß Vergangenheit faktisch und nicht zu ändern, die Zukunft dagegen stets das Feld offener Möglichkeiten sei. In dieser Lage trieben wir auch Physik. Deshalb sei es nur sinnvoll, nach Wahrscheinlichkeiten für zukünftige Ereignisse zu fragen, aber nicht für vergangene. Denn diese seien faktisch und alle Informationen darüber im Prinzip – so lange das Gedächtnis daran nicht gelöscht ist – bekannt.

Weizsäckers Interpretation gibt sicherlich einen wichtigen Hinweis auf die Situation, wie Menschen sich in der Welt vorfinden und wie sie auch Physik treiben. Für die Richtung des Zeitpfeils jedoch liefert sie keine deduktive Erklärung, das heißt keine Herleitung aus einer Theorie.

Warum besteht im Bewußtsein der Organismen nun aber tatsächlich der Unterschied zwischen Vergangenheit und Zukunft? Ist die Naturwissenschaft überhaupt schon soweit, diese Frage zu entscheiden? Es mag nebenbei damit zusammenhängen, daß nur in einer Welt, deren Zeitpfeile allesamt übereinstimmen, intelligente Wesen entstehen und existieren können, die Erfahrungen sammeln und mit deren Hilfe überleben. Derlei Betrachtungen im Sinne des »Anthropischen Prinzips« – nach dem nur die Welt, wie sie ist, auch die Existenz intelligenter Beobachter zuläßt – liefern aber ebenfalls keine Erklärung, sondern bleiben im Rahmen einer, gleichwohl nichttrivialen, Konsistenzbetrachtung.

Vom heißen zum kalten Kaffee

Viele Wissenschaftler vermuten eine Lösung des Zeitpfeilrätsels im Zusammenwirken der Thermodynamik und der Kosmologie. Wärme fließt stets von heißeren Körpern zu kälteren, die Entropie nimmt dabei zu, bis ein Gleichgewicht erreicht ist. Meine Tasse Kaffee kühlt ab in Richtung Zukunft und wird heißer in Richtung Vergangenheit. Das Verhalten der Wärme ist also nicht zeitumkehrbar und kennzeichnet nach dem zweiten Hauptsatz der Thermodynamik eine Zeitrichtung.

Daß sich der Kaffee abkühlt, sollte jedermann verblüffen. Denn schließlich ist nach der klassischen Mechanik die Bewegung jedes *einzelnen* Teilchens, aus dem der Kaffee besteht, zeitumkehrbar. Wärme ist ein Ausdruck der Teilchenbewegung: »heißere« Teilchen bewegen sich rascher, »kühlere« langsamer. Wenn sie, etwa im heißen Kaffee, oft zusammenstoßen, übertragen sie ihre Energie auf andere Teilchen. Die Teilchenbewegung gehorcht dabei nach wie vor dem zeitumkehrbaren Gesetz der Stoßmechanik, aber die Energieübertragung vom heißen Kaffee zur kühleren Kaffeetasse und an die Zimmerumgebung geschieht nach dem zweiten Hauptsatz der Thermodynamik, und dieser Prozeß ist nicht zeitumkehrbar.

Genaugenommen aber läßt sich die Kaffeetasse nicht isoliert als abgeschlossenes System betrachten. Einmal mußte das Kaffeewasser ja vorher aufgeheizt worden sein, was durch elektrischen Strom oder andere Energieformen geschah, die über die Kohle oder ähnliches im Ursprung alle auf die Sonne zurückgehen. Aber auch die Sonne ist nicht vom Rest des Kosmos isoliert, sondern entstand aus »Urgasen« in einer frühen Phase des Universums. Andererseits mußte, damit der Kaffee erkalten konnte, das Zimmer kühler sein als der Kaffee, und das setzt letztlich eine Erde voraus, die ihre Wärmeenergie in den noch kühleren Weltraum abstrahlen kann. Von beiden Seiten führt uns die Abkühlung des Kaffees also auf das Verhalten des Kosmos.

Auch das offene System der irdischen Biologie, und damit der lokale biologische Pfeil der Zeit, zehren, wenn auch indirekter, von den Randbedingungen der kosmischen Einbettung.

Ilya Prigogine und seine Mitarbeiter haben die Entstehung von Ordnung aus dem idealen Chaos des thermodynamischen Gleichgewichts und die damit verknüpfte Entropieabnahme detailliert untersucht. Wichtigste Voraussetzung für eine Komplexitätssteigerung dieser Art ist, daß dem System prinzipiell auch alternative Entwicklungspfade – »Bifurkationen« – offen stehen. Sie werden nur in Gleichgewichtsnähe nicht beschritten. Eine Mindestkomplexität der Ausgangssituation ist dafür aber Bedingung, etwa gegeben durch eine Mindestanzahl von Teilchen und Teilchensorten, die zudem jeweils etwas verschieden aufeinander einwirken müssen. Nur dann kann ein Zustand metastabil sein und nur dann stehen ihm andere Entwicklungsmöglichkeiten zur Verfügung.

Einfache chemische Gemische aus nur vier Substanzen sind in diesem Sinn bereits hinreichend komplex. Sie sind als »chemische Oszillatoren« seit den sechziger Jahren bekannt. Bemerkenswert ist, daß sich die thermodynamische Betrachtungsweise analog auch auf so komplizierte dissipative Strukturen übertragen läßt, die zu den biologischen Systemen gehören. Die Begriffe Mutation und Selektion treten dabei an die Stelle von Schwankung und Schwankungskatastrophe.

Hier zeigt sich ein wesentlicher Unterschied zwischen dem Erkalten einer Tasse Kaffee und der Steigerung von Komplexität in einem biologischen System. Das Verhalten der Kaffeetasse wird langfristig wesentlich bestimmt durch die kosmischen Randbedingungen. Die gleichen Randbedingungen gelten zwar auch für das Leben auf der Erde, bestimmen aber keineswegs die Details der Strukturbildung und Selbstorganisation im Rahmen ihrer Evolution. Prigogine: »Die Außenwelt agiert stets wie ein mittleres Feld, das die Fluktuationen dämpfen will durch die Wechselwirkungen an den Rändern der fluktuierenden Region... Für kleinräumige Fluktuationen dominieren die Randeffekte und die Fluktuation baut sich ab. Für großräumige Fluktuationen werden die Einflüsse von den Randzonen vernachlässigbar.«

Für unser subjektives Zeitbewußtsein, das ja auch ein »Bewußtsein in der Zeit« (Eigen) ist, wird so die Auszeichnung einer Richtung des Zeitpfeils durch eine Komplexi-

tät und Geschichte erzeugende Evolution in einem metastabilen Nichtgleichgewicht zum wesentlichen Angelpunkt. Prigogine sieht die gleichgewichtsnahen und
gleichgewichtsfernen Zeitrichtungen mit unserem Zeitbewußtsein folgendermaßen verknüpft:

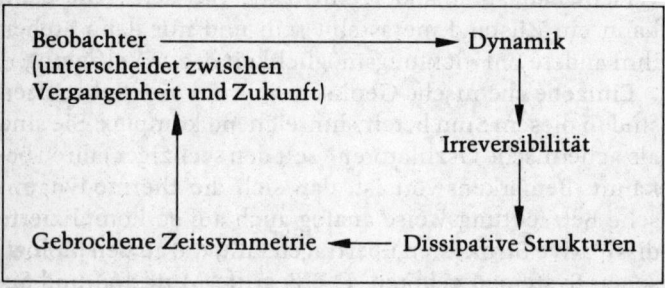

Diese zyklische Induktionskette wird allerdings erst
durch Forschungen, nicht zuletzt der eingangs zitierten
Neurophysiologie, zu begründen sein.

Stammt der Zeitpfeil aus dem Urknall?

In den zwanziger Jahren entdeckte Edwin Hubble die
Fluchtbewegung der Galaxien, einen Effekt, der alsbald als
eine ständige Ausdehnung des Weltalls gedeutet wurde. In
der Zukunft werden die Galaxien weiter auseinander sein,
in der Vergangenheit waren sie enger beisammen, bis zu
ihrem Verschmelzen in einen kosmischen Urbrei am Anfang der Welt, dem Urknall. Die Expansion der kosmischen Materie verleiht dem Weltall also eine bevorzugte
Zeitrichtung: den kosmologischen Zeitpfeil. Gibt es einen
Zusammenhang zwischen dem »globalen« kosmologischen Pfeil der Zeit und den anderen, »lokalen« Zeitpfeilen?

Obwohl um diese Frage in Teilaspekten schon Anfang des Jahrhunderts heiß gestritten wurde, so 1908 zwischen Albert Einstein und Walter Ritz über die Beziehung des elektromagnetischen und des thermodynamischen Zeitpfeils, blieb die Frage bis heute trotz einiger interessanter Deutungsversuche letztlich unbeantwortet. Eine Wunschvorstellung für des Rätsels Lösung wäre dabei, wenn alle verschiedenen physikalisch beobachteten Pfeile der Zeit sich aus einem einzigen, übergeordneten »Super-Zeitpfeil«, der sogenannten Master-Asymmetrie, als naturgesetzliche Konsequenz ableiten ließen.

Anfang der sechziger Jahre wurde von dem amerikanischen Theoretiker Thomas Gold und dem deutschen Physiker Pascual Jordan darüber spekuliert, ob nicht die durch die Expansion des Kosmos ausgezeichnete Zeitrichtung der gesuchte Super-Zeitpfeil sein könne. Das Erkalten des Kaffees zeigte, daß man wegen der erforderlichen Umweltbedingungen schrittweise zu immer größeren Systemen und Raumskalen übergehen mußte: Tasse – Zimmer – Erde – Sonnensystem – Milchstraße – Kosmos. Evidenterweise erzwingen jeweils die Eigenschaften des nächstgrößeren Systems (in die das kleinere eingebettet ist) durch bestimmte Umweltbedingungen ein bestimmtes Verhalten in dem kleineren System – ein Beispiel für zusätzlich wirksame Bedingungen. Wenn in dem Zimmer die Luft heißer wäre als in der Tasse Kaffee, dann könnte diese auch nicht erkalten. Der größte physikalisch zusammenhängende Bereich ist aber das Universum selbst, und so sind wir automatisch bei dessen Eigenschaften und seinen Anfangsbedingungen im Urknall gelandet. Plausibel klingt das schon. Einen zwingenden Beweis für die Dominanz des kosmologischen Zeitpfeils über die anderen zeitgerichteten Prozesse haben die Physiker aber noch nicht geliefert.

Verknüpft man die Expansion des Universums universal mit der Richtung der Zeit, so führt dies zu einer kurio-

sen Konsequenz – auch für die möglicherweise davon mit-
bestimmten anderen Zeitpfeile. Was passiert denn mit der
Zeitrichtung, wenn die kosmische Expansion einmal in
eine kosmische Kontraktion umschlägt und das Universum einem Endknall (»Big Crunch«) zustrebt? Jedenfalls
ist dies, neben einer ewig fortdauernden Expansion, eine
der Möglichkeiten für die Zukunft des Universums. Von
da an würde zumindest der kosmologische Zeitpfeil nach
der maximalen Expansion in die andere Richtung weisen.
Und nach der Gold-Jordan-Hypothese müßten sich dann
auch alle anderen Zeit-Pfeile umkehren. Laufen dann
plötzlich und überall auch alle anderen Prozesse rück-
wärts wie in einem rückwärtslaufenden Film? Oder, noch
drastischer, gibt es jetzt schon einen langsam anwachsen-
den Teil einer Strahlung aus dem Kosmos, der aus der Kon-
traktionsphase der Zukunft stammt und der vom Um-
kehrpunkt an die Welt dominieren würde? Wissenschaftliche Beobachtungsversuche in dieser Richtung haben bisher kein positives Ergebnis erbracht.

Viele Wissenschaftler stehen diesem Modell einer Zeitumkehr sehr skeptisch gegenüber. »Es ist schwer einzusehen«, äußert etwa der Physiker Roger Penrose, »wie so
eine (Zeit-)Umkehr eintreten sollte, ohne daß (im Um-
kehrpunkt) eine Art thermisches Gleichgewicht durchlaufen wird.« Denn so sollten unter anderem die Sterne
nach der Umkehrphase für lange Zeit einfach genauso weiter ihr Licht aussenden wie bisher, auch wenn später die in
der Kontraktion langsam ansteigende Temperatur des kosmischen Wärmebads auch die Sterne aufheizen wird. In
diesem Fall könnte aber die Verkopplung zwischen kosmischem und elektrodynamischem Zeitpfeil doch nicht so
eng sein, wie es die These vom kosmologischen Superpfeil
nahelegen würde.

Stimmt jedoch die Hypothese vom Super-Zeitpfeil des
Kosmos, dann vertauschen von einem bestimmten Zeitpunkt an die uns geläufigen Ursachen und Wirkungen ihre

Rolle: Es würde dann die (jetzige) Zukunft und nicht mehr unsere jetzige Vergangenheit sein, deren »Geschichte« wir studieren müßten, um unser Schicksal zu begreifen.

Thomas von Aquins Dreisatz

In jedem Fall könnte die Zeitrichtung des Universums für uns einige Überraschungen bereit halten. Das Modell des Anfangs der Welt behauptet neben anderem, daß auch Zeit einen Anfang gehabt haben muß. Diese Vorstellung, einer der radikalsten Eingriffe in unser intuitives Weltbild, war schon Augustinus wie auch dem Dominikanermönch Thomas von Aquin im 13. Jahrhundert geläufig. Nicht nur, so fand er, »ist auch die Zeit selbst erschaffen«, sondern er schloß auch im flotten Dreisatz auf eine endliche Vergangenheit der Welt: »Es ist gewiß, daß nichts Gott gleichkommen kann. Wenn aber die Welt immer gewesen wäre, so käme sie Gott gleich in der Dauer. Also ist es gewiß, daß die Welt nicht immer gewesen ist.«

Eine Kuriosität des kosmologischen Zeitpfeils ist es, daß es im Rahmen der Einsteinschen Relativitätstheorie Modelle des Kosmos gibt (sogenannte Gödel-Kosmen), in der Zeit »geschlossen« beziehungsweise »zyklisch« sein kann, mehr einem Kreis ähnlich als einer Geraden. Das hieße, man könnte durch ständige Fortbewegung in die Zukunft in die eigene Vergangenheit zurückkehren. Wenn aber die Zukunft zu ihrer eigenen Vergangenheit werden kann, dann hat auch der entsprechende Zeitpfeil keinen Sinn mehr. So ein Kosmos hätte zwar global keine Kausalität mehr, enthielte aber zyklische Zeitabläufe, die stark an buddhistische Vorstellungen von Ewiger Wiederkehr und dem unaufhörlich sich drehenden Rad der Wiedergeburt erinnern.

So ein Kosmos könnte lokal unserem durchaus sehr ähnlich sein, so wie im Kleinen ein Kreis immer mehr einer Geraden ähnelt; und die Zeit zum Durchlaufen eines kompletten Kreises könnte um viele Male länger sein als das Alter unseres Universums.

Ein anderes Modell von denkbarer Zeitumkehr diskutierte 1972 der britische Physiker Paul Davies. Sein Modell enthält zwei Zyklen eines oszillierenden Universums, die jeweils zuerst expandieren und dann kontrahieren. Der erste Zyklus könnte etwa unser Kosmos mit »unserem« zukunftsorientierten Zeitpfeil sein. Das Ende des ersten Zyklus wäre dann nicht ein alles vernichtender finaler Endknall, sondern – so die Annahme – ein heißer, dichter »Zwischenknall« – und damit der Start für den zweiten Zyklus.

In dem Zwischenknall würde kurzzeitig ein zeitindifferentes Gleichgewicht erreicht, in dem sich der Zeitpfeil auch umkehren könnte – zweifellos ein passenderer Moment als der Punkt maximaler Expansion im Gold-Jordan-Modell. Im zweiten Zyklus würde dann also die Zeit anders herum laufen, mit der Konsequenz, daß wir (im ersten Zyklus) schon das durch den Zwischenknall zu uns gedrungene Sternenlicht aus dem zweiten Zyklus sehen müßten.

Wenn das Geheimnis des kosmologischen Zeitpfeils auf den Urknall zurückgeht, dann verlagert sich die Frage zu den Anfangsbedingungen der Welt. Schon sehr früh, so zeigen es astronomische Beobachtungen, muß das Universum in einem sehr speziellen, hochgradig geordneten homogenen Anfangszustand niedriger Entropie gewesen sein, um in der Folge auf den heutigen Zustand zu führen. Dieser Punkt hat die Kosmologen immer beunruhigt, obwohl Anfangsbedingungen nicht »erklärt«, sondern nur logisch, »per Hand«, eingesetzt werden können. (Dieses Problem verweist auch auf die Ausnahmesituation der Kosmologen: Sie sollen eine Theorie hervorbringen, die eigentlich nur eine einzige Möglichkeit, nämlich das tatsächliche Universum, hervorbringen darf.)

Befriedigender wäre es, den frühen, gleichmäßigen Zustand als »typisch« darzustellen: als das zwangsläufige Produkt eines noch früheren Urchaos. Neueste Vorstellungen aus der Teilchenphysik und dem Modell des »inflationären« (sich aufblasenden) Kosmos deuten an, daß es durchaus eine Hoffnung auf eine solche Erklärung gibt.

Auf der Suche nach dem Ursprung der Zeitrichtung geraten wir so immer tiefer in das Dickicht der Probleme vom Wesen des Kosmos überhaupt. Wenn man, wie Penrose, fest glaubt, daß letztlich doch die Naturgesetze selbst den Zeitpfeil enthalten sollten, dann führt dies zu dem neuen Rätsel: »Warum verbirgt dann die Natur die Zeitasymmetrie so gründlich vor uns? Da wir noch nicht wissen, wie die Natur physikalische Gesetze auswählt, gibt es noch keine Antwort auf diese Frage« (Penrose).

Vielleicht mag man eines Tages damit das Rätsel auch des biologischen und des subjektiven Zeitpfeils im größeren Rahmen angreifen. Eine Lösung würde zweifellos unser Weltbild revolutionieren. »Wenn wir in der Zukunft«, sagt Harrison, »einmal die Natur der physikalischen Zeit dahingehend verändern, daß sie einige der subtileren Eigenschaften der (subjektiv) erfahrenen Zeit miterfaßt, dann werden das physikalische Universum und die Kosmologie auf fundamentale Weise verändert werden.«

4. Horror vor dem Vakuum

Neues aus
dem Nichts

Die Pferde wieherten, zerrten, stampften und schwitzten vergeblich unter den Peitschenhieben. Acht Rösser zogen zur Linken, acht zogen zur Rechten an Seilen, in deren Mitte eine metallene Kugel aufgehängt war. Man schrieb das Jahr 1663.

Der verblüfften Menge Magdeburger Bürger war zu Beginn des Spektakels von einem ihrer vier Bürgermeister demonstriert worden, daß diese Kugel aus zwei hohlen Hälften bestand: Otto von Guericke, Naturforscher und Politiker, hatte die Halbkugeln vor ihren Augen luftdicht schließend zusammengesetzt und mit der von ihm selbst erfundenen »pneumatischen Stiefelpumpe« ausgepumpt. Den 16 Pferden gelang es nicht, die beiden, von keiner Schraube gehaltenen Hälften auseinanderzureißen.

Guericke hatte Sinn für *Show business*. Acht Pferde und eine stramme deutsche Eiche als Widerpart hätten – *actio* gleich *reactio* – den gleichen Effekt gehabt. Aber er hatte jedenfalls vorgeführt, daß ein pferdestarker Unterdruck die Folge von Luftleere ist. Luft, so bewies Guerickes Test, ist selbst ein physikalisches Objekt.

Guericke hatte, als Zweiter, ein Vakuum hergestellt.

Zwanzig Jahre vor ihm war dies dem Mathematiker Evangelista Torricelli in Florenz mit einem quecksilbergefüllten Glasrohr gelungen. In Guerickes Vakuum erloschen Kerzen; Schall konnte es nicht durchdringen, ganz im Gegensatz zu Magnetismus und Licht.

Von da an war die Herstellung immer leererer Räume ein Problem für Techniker und Ingenieure. Mit modernen Vakuumpumpen läßt sich heute im Labor ein Hochvakuum von 10^{-11} Torr herstellen. Das ist zwar nur ein hundertmillionstel Millionstel des Atmosphärendrucks, aber noch lange kein Weltraum-Vakuum: Der interstellare Raum ist nochmals um das Zehnmillionenfache verdünnt. Streng genommen existiert selbst zwischen den Galaxien noch kein echtes, materiefreies Vakuum. In jedem Kubikmeter Weltraum schwirren immer noch einige Teilchen herum.

Der Verbesserung von Vakuumpumpen galt jedoch nicht das Hauptinteresse der Vakuumforscher. Es geht ihnen vielmehr um die Leere selbst. Es ist zweckmäßig zwischen zwei »Arten« des Vakuum zu unterscheiden. Der Weltraum wie auch Guerickes luftleer gepumpte Eisenkugeln, die nur leer sind, sobald alle Atome entfernt sind, können das »Makrovakuum« genannt werden; im Gegensatz zu dem leeren Raum zwischen und im Innern der Atome, also zwischen Atomkern und der ihn umgebenden Elektronenhülle, der sich als »Mikrovakuum« apostrophieren läßt. Dieses Mikrovakuum ist *immer* leer. Es erfüllt sogar den größten Teil selbst fester Materie. Die innerste Elektronenbahn etwa des Wasserstoffatoms ist hunderttausend Protonendurchmesser vom Atomkern entfernt. Wäre das Proton als Atomkern des Wasserstoffatoms so groß wie ein Tischtennisball, dann würde dessen Elektronenhülle im Abstand von einem Kilometer kreisen; dazwischen nur »Mikrovakuum«.

Was ist die Leere von Makro- und Mikrovakuum? Ist sie wirklich nur »nichts«? Heute bahnt sich hier eine Synthese an: Sowohl Mikro- wie Makrovakuum scheinen keineswegs eigenschaftslose Leeren zu sein. Das moderne Bild vom Vakuum gleicht vielmehr einem vielschichtigen Gewebe; manche Physiker sprechen gar von einem »Vakuumsee«, aus dem elementare Teilchen – ähnlich den Fischen eines richtigen Sees – herausspringen und wieder verschwinden können. Die naive Vorstellung vom Vakuum als völlig energie-, materie- und somit eigenschaftslosem Zustand ist damit endgültig begraben.

Die Frage nach dem »Nichts« durchzog die gesamte Geschichte der Naturwissenschaft. Das Leere oder das Nichtsein – das antike Gegenstück zum Vakuum – war nach Ansicht des Parmenides (540–470 v. Chr.) weder denkbar noch beschreibbar. Aristoteles verstärkte diese Meinung. Er sah die Welt angefüllt mit den vier Elementen (Feuer, Wasser, Luft und Erde) und einer fünften Essenz – der Quintessenz, dem »Äther«. Der Äther erfüllte seiner Meinung nach den Raum zwischen der Sphäre des Mondes und den Fixsternen. Die Natur, so wurde es später formuliert, habe eben einen Horror vor der Leere: Der *Horror vacui* wurde zu einem Prinzip der Naturbetrachtung.

Gegen die übermächtige Lehrmeinung des Aristoteles war lange Zeit jeder Widerstand zwecklos. Trotz Torricelli hielten René Descartes, Christiaan Huygens oder später auch James Clerk Maxwell an der Äthertheorie fest. Maxwell etwa, der die Wellennatur des Lichtes erkannte, glaubte, ein Äther sei nötig, damit sich Licht überhaupt ausbreiten könne. Die Erde bewege sich durch diesen Äther hindurch. Dadurch werde aber die Lichtgeschwindigkeit vom Bewegungszustand der Erde abhängig.

Die Idee hatte einiges für sich, auch wenn die amerikanischen Physiker Albert Michelson und Edward Morley 1897 durch Vermessung der Lichtgeschwindigkeit in zueinander senkrechten Raumrichtungen zeigten, daß sich der vielbeschworene Äther im Experiment leider nicht aufspüren ließ. Auch wäre der Äther eine wahrhaft seltsame Quintessenz gewesen, denn er hätte ja durch seine Schwingungen wie ein elastischer Körper die Wellen des Lichtes durch den Raum tragen müssen. Je fester, je steifer ein Körper ist, desto rascher breitet sich aber jede Wirkung in ihm aus. Wegen der hohen Lichtgeschwindigkeit hätte der Äther also einerseits extrem steif sein müssen. Andererseits hätte er aber die offenbar ungehinderte Bewegung der Planeten kaum bremsen dürfen.

Albert Einstein reagierte konsequent auf die Resultate von Michelson und Morley. Mit seiner Speziellen Relativitätstheorie von 1905 befreite er die Wissenschaft vom Äther, der für die Erklärung des Elektromagnetismus so notwendig gewesen war wie ein Kropf. Der Äther verkümmerte zur historischen Kuriosität.

Um so kurioser mag es deshalb erscheinen, daß aus den neuesten Quantentheorien eine neue Art von Äther aufersteht. Dabei kommt die früher so widersprüchliche Elastizität des Vakuums zum Verständnis der Schwerkraft erneut zu Ehren. Freilich reichen auch die Wurzeln des neuen Äther-Verständnisses zurück bis in die Antike. Ausgerechnet der Schüler von Parmenides, Leukipp von Milet, und später Demokrit entwickelten die Idee, daß alle Materie aus unteilbaren Einheiten, »Atomen«, zusammengesetzt sei. Diese Atome bewegten sich durch den ansonsten leeren Raum, den wir heute Mikrovakuum nennen.

Soweit ist daran nichts grundsätzlich falsch. Wenn wir noch unsere Kenntnis von den Feldern (wie den elektromagnetischen) einbringen, dann könnte das Vakuum ein Raum sein, der keine realen Teilchen enthält, aber noch von Feldern erfüllt sein kann.

Dieses Bild hätte sogar Guericke befriedigt, der ja schon wußte, daß Magnetfelder den leeren Raum durchdringen. Doch die Theorie der Quanten belehrt uns eines besseren. In mikroskopischen Dimensionen benehmen sich alle Felder spontan und chaotisch. Unerwartet verändern sie ständig Richtung und Stärke: Dies sind die sogenannten Quantenfluktuationen, die im Vakuum, auch ohne ein äußeres Feld, laufend Unruhe stiften.

So wandelt sich das moderne Mikrovakuum von einer eigenschaftslosen Arena unserer Welt in ein bienenschwarmartiges physikalisches Objekt. In den für uns unsichtbaren Fluktuationen steckt Energie, die für winzige Momente ausreicht, um elementare Teilchen hervorzubringen: Elektronen und Protonen tauchen aus dem »Nichts« auf, um sofort wieder in dem See geisterhafter »virtueller Teilchen« zu verschwinden.

Dieses Vakuum gleicht einem See, in dem viele Fische – die Geisterteilchen – schwimmen. Kleine Fische bewegen sich nahe an der Seeoberfläche, die großen Fische dümpeln in der Tiefe. In kurzen, unregelmäßigen Abständen hüpfen einzelne Fische kurz aus dem Wasser, die kleinen häufiger als die großen.

Um die Fische auf Dauer »an Land« – ins Reich der real existierenden Materie – zu ziehen, bedarf es soviel Energie, wie sie nach Einsteins Formel $E = mc^2$ ihrer Masse entspricht. Deshalb sind diejenigen, die schon nahe an der Oberfläche schwimmen, auch am leichtesten zu angeln. Das sind einmal das Elektron und sein positiv geladenes Gegenstück, das Positron, als die leichtesten geladenen Teilchen in der Natur; dann, mit mehr Energie, auch die schweren Leptonen und die Hadronen (wie das Proton). Schließlich schwimmen in dem See der Geisterteilchen auch die Wechselwirkungsteilchen der (nur im atomaren Bereich wirksamen) schwachen und starken Kernkräfte: bestimmte Bosonen, achtzigmal so schwer wie das Proton, dazu Quarks und Gluonen.

Der See der Geisterteilchen läßt sich nicht austrocknen. Denn die Quanten-Fluktuationen lassen sich prinzipiell nicht beseitigen – ja, sie verleihen dem Vakuum sogar meßbare Eigenschaften. So errechnete im Jahr 1948 der holländische Physiker Hendrik Casimir, daß sich zwei Metallplatten anziehen müßten, wenn sie in kurzem Abstand voneinander aufgestellt würden – und zwar ohne jede weitere Zutat. Allein durch ihre Anwesenheit würden die Platten, so Casimir, einen Teil der hektischen Vakuumaktivität unterdrücken; die Vakuumenergie würde dadurch zwischen den beiden Platten sinken und sie sich deshalb anziehen. Obwohl der Effekt sehr klein ist, wurde er in einer verfeinerten Anordnung (gekrümmte Platten) mit der von Casimir vorhergesagten Abstandsabhängigkeit auch gemessen.

Ein zweiter Effekt, der die Anwesenheit der Geisterteilchen im Vakuumsee indirekt verrät, geht auf Willis Lamb zurück. Die Partikel lassen sich nämlich auch dann beeinflussen, wenn sie nicht aus ihrem Schattenreich in die Welt der vorhandenen Materie gehoben werden. Ein elektrisches Feld etwa verschiebt die elektrischen Geisterladungen je nach Vorzeichen geringfügig in entgegengesetzte Richtungen: Das Vakuum wird dabei polarisiert wie ein gewöhnliches Dielektrikum (Isolator). Die »nackte« elektrische Ladung eines Atomkerns wird so durch die positiven Geisterladungen, die sie aus dem Vakuum auf sich zieht, etwas geschwächt und »bedeckt«. Folge: Die Energieniveaus des Atoms werden etwas verschoben. Für die Messung der Vakuumpolarisation am Wasserstoffatom bekam Willis Lamb 1955 den Nobelpreis.

Sind die Physiker nun unter die Geisterseher gegangen, die im Trüben des Vakuumsees fischen? Lassen sich die mysteriösen Geisterteilchen auch direkt sichtbar machen?

Eine naheliegende Idee ist, die kurze Lebensdauer der Geisterteilchen durch Hineinpumpen von Energie zu verlängern. Durch ein starkes elektrisches Feld könnte zum Beispiel der »Geist« in ein reales Elektron verwandelt werden. Gleichzeitig muß dann – wegen der Ladungserhaltung – ein positiv geladenes Positron entstehen, das in der Gegenrichtung davonfliegt.

Noch vermögen die Forscher die notwendigen elektrischen Felder nicht herzustellen. Die Natur schafft allerdings selbst ultrastarke elektrische Felder in der Nähe schwerer Atomkerne. Die schwersten bekannten Kerne enthalten 109 Protonen. Berechnungen zufolge ist erst das Feld von Atomkernen mit mehr als 173 Protonen stark genug, um Elektron-Positron-Paare aus dem Vakuum herauszuholen.

Um die Natur zu überlisten, schlugen 1977 der Frankfurter Physiker Walter Greiner und seine Mitarbeiter vor, schwere Atomkerne – etwa Uran mit 92 Protonen – so aufeinanderzuschießen, daß sie sich kurzzeitig gegenseitig einfangen. Geraten zwei Urankerne bei einer Kollision genügend nahe aneinander, dann entsteht für Sekundenbruchteile ein überschweres Quasimolekül mit zusammen deutlich mehr als 173 Protonen. Das während der flüchtigen Vereinigung entstehende superstarke elektrische Feld müßte eigentlich viele Elektron-Positron-Paare aus dem Vakuum-See herausfischen.

Der Effekt konnte schon 1978 mit dem Beschleuniger Unilac der Darmstädter Gesellschaft für Schwerionenforschung tatsächlich nachgewiesen werden – wenngleich es offenbar nicht leicht ist, die Positronen, die dem Vakuum entspringen, von denen zu unterscheiden, die bei der energiereichen Quasikollision ohnehin entstehen. »Dies ist ein aufregender und völlig unerwarteter Prozeß«, begeisterten sich die Vakuumforscher Walter Greiner und Joseph Hamilton 1980 im amerikanischen Wissenschaftsmagazin *Science*, »weil er zeigt, daß leerer Raum – das Vakuum – in Gegenwart eines starken äußeren Feldes nicht leer bleiben kann. Der Raum muß durch die Aussendung von Antiteilchen geladen werden. Ein Vakuum ohne Teilchen ist unter diesen Umständen unmöglich«.

Greiner und Hamilton beschrieben damit eine Situation, die als »radioaktiver Zerfall des Vakuums« bezeichnet werden kann. Das Vakuum als Zustand niedrigster Energie, den das System einnehmen kann, ist normalerweise materiefrei. Im Fall starker äußerer Felder wird das materiefreie Vakuum jedoch destabilisiert. So wie ein radioaktiver Atomkern in ein stabileres Element übergeht, indem er ein Teilchen aussendet, erreicht auch das Vakuum durch Teilchenerzeugung dann einen noch tieferen (stabileren) Energiezustand.

Auch für das Vakuum des Gravitationsfeldes werden seit einigen Jahren Quantenüberlegungen angestellt, obwohl die Theoretiker leider immer noch keine komplette Quantenschwerkrafttheorie zustandegebracht haben. Die intensivsten Gravitationsfelder treten in der Nähe kleiner Schwarzer Löcher auf, jenen – theoretisch postulierten – Gebilden im All, deren Anziehungskraft selbst Licht nicht mehr entweichen läßt. Aus ähnlichen Gründen wie bei den superstarken elektrischen Feldern der Uran-Quasimoleküle bricht hier das »Gravitationsvakuum« zusammen, wobei Paare von Teilchen und Antiteilchen erzeugt werden, die sich sogleich gegenseitig vernichten und dabei Strahlung aussenden. Dieser Effekt, das »Verdampfen« der Schwarzen Löcher, war 1974 von dem britischen Relativitätstheoretiker Stephen Hawking postuliert worden. Bisher konnte Hawkings Vorhersage noch nicht durch Beobachtungen bestätigt werden.

Ausgerechnet bei der Gravitation kommt die Idee des elastischen Äthers – zumindest als interessante Spekulation – unerwartet wieder ins Spiel. Einstein zufolge deformiert (»krümmt«) jedes Gravitationsfeld das Vakuum und verändert dadurch dessen Energie. Da auch ein elastischer Körper durch Deformationen seine Energie verändert, regte der sowjetische Physiker Andrej Sacharow an, Gravitation als die »Elastizität des Vakuums« zu interpretieren: So, als ob die Oberfläche des Vakuumsees die elastische Spannung einer Gummihaut annimmt, die durch das Gewebe der Geisterteilchen erzeugt wird. Manche Wissenschaftler vermuten in der Tat, daß die Gravitation ihren Ursprung in einem kollektiven Effekt des Quantensees

81

hat und deshalb keine unabhängige Naturkraft ist. (Traditionell rechnen Physiker die Schwerkraft neben der starken und der sogenannten elektroschwachen Wechselwirkung zu den grundlegenden Naturkräften.)

Blubbernder, kochender Schaum

Je genauer Physiker das Vakuum untersuchen, desto komplizertere Eigenschaften scheint es zu entwickeln. Theorien, in denen die Fundamentalkräfte miteinander vereinigt werden sollen, legen nahe, daß es nicht nur einen Vakuumzustand, sondern eine ganze Serie möglicher (»falscher«) Vakuumzustände mit jeweils verschiedener Energie im Kosmos geben könnte. Nur der niedrigste (»wahre«) Energiezustand wäre endgültig; alle anderen könnten stufenweise ins »wahre« Vakuum übergehen. Ähnlich wie Blasen im Wasser kurz vor dem Siedepunkt sollten sich verschiedene Vakuumzustände fast mit Lichtgeschwindigkeit vergrößern und unter explosionsartiger Energiefreisetzung miteinander verschmelzen – Modelle, die für die früheste Phase des Urknalls diskutiert werden. Kosmologen hoffen, daß sich damit einige unerklärte Eigenschaften des Universums verstehen lassen (s. »Inflation im Kosmos«).

Längst haben die Physiker die simple Idee über Bord geworfen, »das Vakuum« als den eindeutigen, stabilen Grundzustand eines Systems zu verstehen. Unter einem Ultramikroskop, das Dimensionen von 10^{33} (zehn Milliardstel Billionstel Billionstel) Zentimetern sichtbar machen könnte, würde es heute eher einem blubbernden, kochenden Schaum gleichen, in dem die Quantenfluktuationen dahinbrodeln. »Indem wir dem Vakuum immer mehr Eigenschaften zuschreiben«, seufzt ein Münchner Theoretiker fast resignierend, »führen wir wieder einen neuen Äther ein.«

Äther-Enthusiasten aus der Zeit vor 1905 wären zweifellos verblüfft, was die moderne Physik aus ihrem alles und All-durchdringenden elastischen Stoff gemacht hat. Der *Horror vacui* der Natur wandelt sich zum Horror des Naturwissenschaftlers vor dem Vakuum.

5. Tohuwabohu im Innern der Materie

Über Quarks und Unterquarks

Als zwei amerikanische Physiker vorschlugen, daß die Teilchen in den Atomkernen selbst aus noch kleineren Bausteinchen bestehen sollten, hielten viele ihrer Kollegen dies für reichlich gewagt. Das war im Jahr 1964. Die Physiker hießen George Zweig und Murray Gell-Mann. Ihr Vorschlag wurde nicht besser durch Gell-Manns Wahl, die neuen Subteilchen ausgerechnet »Quarks« zu nennen, frei nach einem Nonsenswort in dem skurrilen Meisterwerk »Finnegan's Wake« des irischen Schriftstellers James Joyce.

Allen Tritten der Kritiker zum Trotz wurden diese Quarks, anders als das von Goethe beschriebene Milchprodukt gleichen Namens, nicht breit sondern stark. In den siebziger Jahren häuften sich die Beweise dafür, daß Neutron und Proton tatsächlich aus je drei der bizarr benannten Partikel bestehen könnten. Fünf verschiedene Arten von Quarks sind bis heute experimentell abgesichert, ein sechster Quark-Typ ist postuliert und wird heftig gesucht. Neben einer elektrischen Ladung von einem oder zwei Drittel der Ladung des Elektrons sollen sie jeweils eine zu-

	Quarks	Leptonen
1. Generation	Up-Quark	Elektron
	Down-Quark	Elektron-Neutrino
2. Generation	Charm-Quark	Müon
	Strange-Quark	Müon-Neutrino
3. Generation	Top-Quark (?)	Tau
	Bottom-Quark	Tau-Neutrino

sätzliche, zuvor unbekannte »Farb-Ladung« tragen. Die starke Kernkraft, die Protonen und Neutronen in den Atomkernen zusammenschweißt, sind im Bild der gängigen Quark-Theorie – der Quanten-Chromodynamik (QCD) – der äußerliche Überrest der noch viel stärkeren Kräfte zwischen den »Farben« der einzelnen Quarks.

Seit einigen Jahren werden nun Modelle ernsthaft diskutiert, nach denen selbst die Quarks aus noch kleineren Unterteilchen aufgebaut sind.

Das Motiv, die so lange so einfache Welt der Atome, gebaut aus Proton, Neutron und Elektron mit einer neuen Teilchenspezies zu bevölkern, war ein ästhetisch-logischer Schritt in einem Zwei-Jahrtausend-Programm: der Suche nach dem Fundamentalen, wahrhaft »Unteilbaren« (Atomaren) – unter der Annahme, auf irgendeiner Ebene des materiellen Seins seien Teilchen die fundamentalen Bausteine. Das Quarkmodell wurde eingeführt, als Proton und Neutron schon längst in einem Zoo von »Hadronen« – so die Klassenbezeichnung für alle Teilchen, die auf die starke Kernkraft reagieren – untergegangen waren. Fatal

Quarks (jedes in drei »Farben«)	Masse (MeV)	Ladung	Spin (ħ)
Up-Quark (u)	4 ?	2/3	1/2
Down-Quark (d)	8 ?	−1/3	1/2
Charm-Quark (c)	1150 ?	2/3	1/2
Strange-Quark (s)	150 ?	−1/3	1/2
Top-Quark (t)	?	2/3	1/2
Bottom-Quark (b)	4500 ?	−1/3	1/2

Leptonen (fühlen nicht die starke Wechselwirkung)

Elektron	0,511	−1	1/2
Müon	105,7	−1	1/2
Tau	1780	−1	1/2
Elektron-Neutrino	10^{-5}	0	1/2
Müon-Neutrino	0,65	0	1/2
Tau-Neutrino	250	0	1/2

Bosonen (übertragen die Kräfte)

Photon	0	0	1
W-Boson (2)	80000	+1, −1	1
Z-Boson	94000	0	1
Gluon (8)	0	0	1
Graviton	0	0	2

auch, daß sich nur die Hadronen vermehrten, aber nicht die »Leptonen« – die »Leichten« also die die starke Kernkraft nicht spüren. Die einzigen, damals bekannten Leptonen waren das Elektron, das Müon und die Neutrinos.

Die Kollisionsexperimente in den Teilchenbeschleunigern der Welt bestätigten das Quarkmodell. Im Innern von Proton und Neutron stießen sie auf je drei, offenbar punktförmige Zentren, eben die Quarks. Das Quarkmodell, das zunächst die Existenz von drei Quarks postulierte, feierte alsbald Triumphe. Es schien die vermehrungsfreudige Hadronenfamilie auf einen simplen gemeinsamen Nenner zu bringen. Nicht nur ließen sich alle bekannten Hadronen als Kombinationen der drei Quarks darstellen. Auch umgekehrt »klappte« es. Für jede erlaubte Quark-Verknüpfung fand sich ein Hadron. Es gab also keine »Lücken«. Viele Hadroneneigenschaften ließen sich jetzt nach dem Baukastenprinzip behandeln. Die elektrische Ladung des Protons etwa, $+1$ (als willkürliche Einheit gewählt), ergab sich nun einfach aus den gebrochenen Ladungen $+2/3$ (Up-Quark), $+2/3$ (Up-Quark) und $-1/3$ (Down-Quark). Entsprechend erhielt man die Ladung des Neutrons, O, aus den Quarkladungen $+2/3$ (Up), $-1/3$ (Down) und $-1/3$ (Down). Weiterer Vorzug des Modells: Alle Quarks hatten den gleichen Spin, eine Art innerer Drehimpuls, von $1/2$ (in Einheiten des Planckschen Wirkungsquantums).

Eine Merkwürdigkeit des Quarks ist es jedoch, sich nicht einzeln als freies Teilchen zu zeigen. Vielmehr spürten die Physiker sie nur als die erwähnten Punkte auf, wenn sie ins Innere der Partikel vorstießen. Quarks schienen wie an losen Gummibändern im Innern der Hadronen miteinander verbunden zu sein. Auf kurze Distanz bewegten sich Quarks ungehindert. Versuchten die Forscher jedoch, sie aus ihrem Teilchengefängnis herauszukatapultieren, dann hingen sie straff an der Strippe ihrer Wechselwirkung, der »Farbkraft«.

Eine zweite Merkwürdigkeit ist, daß es genausoviele Quarks zu geben scheint wie Leptonen: je sechs. Die »leichten« Leptonen, zu denen Elektron, Müon und Neutrino gehören, haben bei allen Experimenten noch keinerlei Innenaufbau erkennen lassen. Das gilt jedenfalls bis auf winzige Abstände von 10^{-16} Zentimeter (dieser Abstand verhält sich zu einem Zentimeter wie ein Zentimeter zu der sechshundertfachen Entfernung Erde-Sonne).

Allerdings war die elementare Welt der drei Quarks bald nur noch ein schöner Traum. In den siebziger Jahren wurden weitere Hadronen entdeckt, die nur mit weiteren – einem vierten und fünften – Quarks erklärt werden konnten. Auch ein neues Lepton wurde gefunden, 206mal schwerer als das Müon und fast 3500mal schwerer als das Elektron, das »Tau«. Der ordnende Forschergeist wollte bald folgende Symmetriebeziehung erkannt haben: Für je zwei Quarks gebe es auch zwei Leptonen, und diese vier bildeten zusammen eine sogenannte Teilchengeneration. Charakteristikum jeder Generation: Die Summe aller elektrischen Ladungen einer Teilchengeneration addierte sich zu Null. Die erste Generation setzte sich zusammen aus den Quarks Up und Down, sowie den Leptonen Elektron und Elektron-Neutrino; in der zweiten Generation standen das Charm- und Strange-Quark neben dem Müon und dem Müon-Neutrino; und zur dritten Generation zählten schließlich das Bottom und das noch unentdeckte Top-Quark, dazu das Tau und das Tau-Neutrino.

Das Generationskonzept brachte, zumindest formal, Quarks und Leptonen einander näher. Ähnlich wie beim Periodensystem der chemischen Elemente wiederholten sich in jeder Generation alle Eigenschaften – nur bei einer höheren Teilchenmasse. Alle uns vertraute Materie besteht ausschließlich aus Teilchen der ersten Generation. Zwar kämen wir »ganz gut ohne die anderen zwei Generationen aus«, wie einmal ein Physiker bekannte, jedoch ist evident, daß die Partikel der höheren Generationen eine wesentliche Rolle bei der Erzeugung unserer Materie im Urknall gespielt haben müssen.

In diesem Stadium stellte sich also die Teilchenwelt auf ihrem fundamentalen Niveau schon lange nicht mehr so simpel dar, wie es das Quarkmodell einst versprochen hatte. Es wurde schon bald erkannt, daß jedes Quark noch eine zusätzliche Eigenschaft, einen neuen Ladungstyp, genannt »Farbe«, hatte und im Proton etwa nur in voneinander verschiedenen Farben auftreten konnte. Da jedes Proton aus drei Quarks besteht, gab es also auch jedes Quark in drei Farben. So gab es 18 Quarks und 6 Leptonen. Da jedes dieser 24 Elementarteilchen auch noch ein Antiteilchen hat, hatte sich der anfänglich so elementare Quark-Leptonen-Zoo rasch mit 48 Insassen bevölkert.

Gleich dem Zauberlehrling, der die Geister, die er rief, nicht mehr los wird, beschlichen nun die Quarkforscher unangenehme Gefühle. Auf der Suche nach dem Einfachen, der gemeinsamen Wurzel der Materie, den alles umfassenden Urprinzipien oder Urteilchen, hatte sich der »Zoo« der Urbausteine abermals bedenklich angefüllt: ein Zeichen, daß die Theorie gewissermaßen ihr Ziel verfehlt hatte.

Neben den Quarks und Leptonen war schließlich die dritte fundamentale Teilchengruppe nicht zu vergessen, die Bosonen. Bestimmte Bosonen sind Teilchen, die dafür sorgen, daß die Wirkung der Naturkräfte überhaupt erst zustande kommt, indem sie Kraft übertragen. Jede Kraft, so die Vorstellung, wird durch den Austausch bestimmter Teilchen wirksam. Bildhaft läßt sich das so vorstellen: Wenn sich zwei Menschen, jeder auf einem Ruderboot stehend, schwere Bälle zuwerfen, werden beide Boote dadurch in Bewegung versetzt, es wird eine Kraft übertragen. In unserer kosmisch kühlen Welt haben wir es mit vier Naturkräften zu tun. Die elektromagnetische Kraft, auf der unsere Radio- und Fernsehtechnik beruht; die starke Kernkraft, die die Atomkerne zusammenhält; die schwache Wechselwirkung – sie steuert nicht nur das Phänomen des radioaktiven Betazerfalls, sondern spielt auch bei der Energieerzeugung im Sonneninnern eine wichtige Rolle und die Gravitation, auf der die Bewegung der Planeten und Sterne beruht.

Bei diesen vier Naturkräften tauschen die Teilchen jeweils nur andere »Bälle« aus, eben die Bosonen. Für die elektromagnetische Kraft entspricht den Austauschbällchen das Lichtquant, das masselose Photon. Bei der Gravitation werden ständig masselose Gravitonen ausgetauscht. Bei der starken Wechselwirkung sind dies acht Gluonen, die vermutlich ebenfalls keine Masse haben. Die Anfang 1983 im Genfer Forschungszentrum CERN entdeckten W- und Z-Teilchen sind die drei Austauschteilchen der schwachen Wechselwirkung. Während das Z elektrisch neutral ist, sind die W's, die »Weakonen«, negativ oder positiv elektrisch geladen.

Da das Z-Teilchen zwar ebenso elektrisch neutral ist wie das Photon, aber im Gegensatz zu diesem eine Masse besitzt, kann man es auch als »Bruder des Photons« oder »schweres Licht« ansehen.

Die Theorie der sogenannten elektroschwachen Wechselwirkung, auf die sich die so glänzend bestätigte Vorhersage der W- und Z-Teilchen stützt, versucht, die elektrische und die schwache Kraft zu vereinigen und als Facetten einer einzigen Kraft zu beschreiben. Diese Theorie gilt als Teilschritt auf dem Weg zu einer »großen Vereinheitlichung« aller Naturkräfte.

Mit der jetzt gesicherten Entdeckung des Z-Teilchens ist man dieser Vereinheitlichung ein gutes Stück nähergekommen. Statt von vier läßt sich jetzt also nur noch von drei unabhängigen Naturkräften sprechen, da die elektroschwache Kraft zwei Kräfte, zumindest partiell, miteinander verknüpft; denn es gibt in dieser Theorie immer noch zwei Kopplungskonstanten, die für die Stärke der beiden Teilkräfte stehen, und so ist diese Vereinigung weniger vollständig als etwa die zwischen Elektrizität und Magnetismus, die durch die elektrische Ladung auf nur eine Kopplungskonstante zurückgeführt wurde.

Das Glashow-Weinberg-Modell der elektroschwachen Wechselwirkung zusammen mit der Quanten-Chromodynamik nennen die Teilchenphysiker ihr »Standardmodell«. Es umfaßt die drei nichtgravischen Kräfte, allerdings nicht miteinander vereint. Dieses Standardmodell hat zwar den Vorzug, alle experimentellen Daten wiederzugeben, läßt aber viele Punkte offen. Es läßt dem Theoretiker zu viele Freiheiten und hat damit nur geringe Vorhersagekraft. Wenn die Bezeichnung »Standardmodell« suggerieren sollte, daß es sich um ein konsolidiertes Denkfundament handelte, dann war dieser Boden zumindest schwankend. Ähnlich wie beim kosmologischen Standardmodell hatte es einen Katalog peinlicher Fragen provoziert:

– Warum ist die elektrische Ladung von Proton und Elektron gleich und entgegengesetzt? Experimentell gilt dies mit der fantastischen Genauigkeit von $1 : 10^{20}$, was sich aus der Tatsache ergibt, daß Atome neutral sind und sich verschiedene Galaxien elektrostatisch nicht anziehen.

– Wieviele Quarks und Leptonen könnte es, über die bereits bekannte Anzahl hinaus, noch geben? Der Wunschtraum der Theoretiker ist es im Augenblick, daß außer den sechs bekannten Leptonen keine weiteren mehr gefunden werden. Von den veranschlagten sechs Quarks sind bisher erst fünf bekannt. Nach dem sechsten, dem »Top«, wird intensiv gefahndet, bei CERN in Genf wie auch im Beschleunigerzentrum DESY in Hamburg. Wenn es bei zweimal sechs Fundamentalbausteinen der Materie bliebe, könnte man dies als eine grundlegende Symmetrie der Natur akzeptieren. Aber warum gerade die 6 jene »magische Zahl« sein soll, bliebe weiter ein Geheimnis.

– Warum haben die Elementarteilchen die Massen und die Fundamentalkräfte so unterschiedliche Stärken, wie es beobachtet wird? Warum ist etwa das Müon rund 200mal so schwer wie das Elektron?

– Das Standardmodell gibt keine Hinweise auf Beziehungen zwischen Quarks und Leptonen, obwohl dies durch ihre Anordnung in (mindestens) drei Generation – dem neuen Periodensystem der Elementarteilchen – nahegelegt wird.

Ein letzter, nicht weniger kritischer Punkt, betrifft die

Energien, bei denen sich die Naturkräfte aus iher Vereinheitlichung herauslösen und als separate Wechselwirkungen in Erscheinung treten. Dieser Prozeß, der als Übergang von einem symmetrischen in einem unsymmetrischen Zustand, kurz als »Symmetriebrechung« bezeichnet wird, spielt im Urknall eine wichtige Rolle. Die einzige Energie beziehungsweise Masse, die durch die Fundamentalkonstanten der Gravitation (G), der Lichtgeschwindigkeit (c) und das Plancksche Wirkungsquantum ($\hbar$) ausgezeichnet wird, ist die sogenannte Planckmasse $(c\hbar/G)^{1/2}$ gleich 22 Mikrogramm oder, in Energieeinheiten, gleich 10^{19} GeV; das entspricht einer Temperatur von 10^{32} Grad. Allein auf der Basis des Standardmodells wären Symmetriebrechungen nur bei oder in der Umgebung dieser Temperatur zu erwarten. Von solchen Aussagen hängt aber empfindlich ab, wie häufig bestimmte Teilchen in der heißen Phase des Urknalls erzeugt werden. Dies ist das sogenannte Problem der Massenhierarchie.

Die genannten Probleme stellen keine Inkonsistenzen des Standardmodells dar, sondern legen nur seine Schwächen bloß: die Unfähigkeit, viele Eigenschaften und die Anzahl der Elementarteilchen vorherzusagen. Sie zwangen die Theoretiker, über das Standardmodell hinauszugehen. Leider ist dieses Vorgehen nicht eindeutig. So wurden verschiedene Wege beschritten – mit unterschiedlichem Erfolg. Die einfachste Verallgemeinerung des Standardmodells ist die *Grand Unified Theory*, abgekürzt GUT. Die GUT spart die Gravitation aus und löst einige der genannten Fragen.

So wird im GUT-Modell, es gibt mehrere Varianten davon, das Problem der elektrischen Ladung verständlich. Ihr Wert wird durch »Quantisierung« fixiert und so erhalten Proton und Elektron eine exakt gleiche und entgegengesetzte Ladung. Mit dem gleichen Argument prophezeit die GUT aber auch die Existenz magnetischer Monopole – magnetischer Gegenstücke der elektrischen Ladung. Solche Monopole sind wiederum eine Quelle der Besorgnis in der Kosmologie (s. »Inflation im Kosmos«).

Weitere Leistungen der GUT: Das Mischungsverhältnis zwischen elektromagnetischer und schwacher Wechselwirkung wird berechenbar und der vorhergesagte Wert ist konsistent mit den Messungen. Auch werden Quarks und Leptonen nun zwangsläufig in Generationen zusammengefaßt. Damit werden, zumindest in Spezialfällen, die Teilchenmassen miteinander verknüpft. Hat etwa das Tau-Lepton eine Masse von 1,8 GeV, dann folgt daraus für die Masse des Bottom-Quarks eine Masse von 5 GeV, in Einklang mit Experimenten.

Daß nach der GUT sich nun auch Quarks in Leptonen umwandeln können, worüber Andrej Sacharow schon 1964 nachdachte, gehört zu den einschneidendsten Vorhersagen dieser Theorie. Sie führt dazu, daß Protonen in einer fernen Zukunft zerfallen werden. Damit entsteht die Vision einer Zukunft, in der alle Hadronenmaterie, die uns umgibt und aus der wir bestehen, einfach nicht mehr existiert, weil sie umgewandelt wird zu Strahlung und Leptonen.

Schließlich: Wenn Quarks sich in Leptonen umwandeln, dann kann auch im Urknall ein kleiner Überschuß an Materie gegenüber der Antimaterie entstehen, der die Materie des heute sichtbaren Universums ausmacht.

Die GUT steuert auch etwas zum Problem der Massenhierarchie bei. Sie sagt vorher, daß die Kräfte (genauer: ihre Kopplungskonstanten) mit der Energie variieren und sich bei höherer Energie in der Stärke einander angleichen. Da die Energieabhängigkeit logarithmisch ist, kommen die Kopplungskonstanten der drei betrachteten Kräfte erst bei 10^{15} GeV zusammen. Somit bringt die GUT eine neue Energieskala in die Beschreibung der Natur ein – ein Energiemaßstab für die Symmetriebrechung in der GUT. Er liegt deutlich unterhalb der durch die Planckenergie gesetzten Marke. Dieser Umstand kommt der GUT selbst zugute, denn er bewertet zugleich ihren Gültigkeitsbereich. »Glücklicherweise ist diese Energie deutlich unterhalb der Planckenergie von 10^{19} GeV«, notieren die Teilchenspezialisten John Ellis vom Stanford Linear Accelerator in Kalifornien und Dimitri Nanopoulos vom CERN, »wo Effekte der Quantengravitation bedeutsam werden; so mag es möglich sein, bei dem ersten Versuch die starke, schwache und elektromagnetische Wechselwirkung zu vereinigen und die Schwerkraft zu vernachlässigen.«

Doch zufriedenstellend ist damit die Situation noch keineswegs. Die Zahl der Generationen bleibt in der GUT, nimmt man keine Annahmen hinzu, ebenso eine Unbekannte wie die Massenwerte selbst (im Gegensatz zu bestimmten Massenrelationen). So gab es schon länger Versuche, über Quarks noch hinauszugehen mit der Annahme, auch Quarks, Leptonen oder Bosonen seien ihrerseits aus weiteren Bausteinen zusammengesetzt. Die Versuche, über weitere verfeinerte Zusammensetzungen nachzudenken, ordnet Robert Peccei vom Münchner Max-Planck-Institut für Physik und Astrophysik nach »zunehmender Radikalität« in folgende Stufen:

– zusammengesetzte Quarks und Leptonen;
– zusammengesetzte schwere Boson W^+, W^-, Z; und
– zusammengesetzte masselose Bosonen, Photon, Gluon und Graviton.

Ich werde später ein Modell schildern, das sich auf die ersten beiden Schritte radikaler Unterminierung der Elementarität auf GUT-Ebene einläßt. Hypothetische Unterquarks respektive Unterleptonen werden, z. T. schon seit Anfang der siebziger Jahre, unter den verschiedensten Bezeichnungen gehandelt: Präonen, Präquarks, Maonen (nach Mao Zedong, der sich einmal für das Quark-Modell interessiert haben soll), Alphonen, Quinks und Rischonen. Im folgenden sollen sie pauschal als »Präonen« geführt werden.

Keines der Präonenmodelle, dies ist zu betonen, will die

Quarktheorie abschaffen, sondern lediglich durch das Konzept noch simplerer Bausteine den Quark-Leptonen-Zoo mit 48 Insassen wieder einmal entvölkern. Das Baukastenprinzip der Quanten-Chromodynamik insbesonders soll beibehalten werden. In der Summe seiner Präonen muß jedes Quark und jedes Lepton daher wieder seine korrekte elektrische Ladung zurückerhalten. Das vielleicht interessanteste Präonenmodell entwickelte 1979 Haim Harari vom israelischen Weizmann-Institut.

Er griff eine ältere Idee der Theoretiker Jogesh Pati und Abdus Salam aus dem Jahr 1974 auf und behauptete erstmals 1979: »Die beobachtete Ähnlichkeit zwischen Quarks und Leptonen legt nahe, daß, wenn es eine Unterstruktur gibt, beide Teilchenarten aus denselben grundlegenden Einheiten aufgebaut sind.« Das Wasserstoffatom lieferte einen weiteren Hinweis. Harari: »Die (elektrische) Neutralität des Wasserstoffatoms zeigt eine mysteriöse Beziehung zwischen den Ladungen von Quarks und Leptonen. So ein Zusammenhang entsteht ganz natürlich, wenn sie aus den gleichen Objekten bestehen.«

Seither hat Harari seine Ideen zusammen mit seinem Studenten Nathan Seiberg zu einer vollständigen, dynamischen Theorie ausgearbeitet, die er 1981 in München erstmals auf einer Tagung vorstellte. Die Idee: Sowohl Quarks wie auch Leptonen bauen sich aus nur zwei Subteilchen – sogenannte *Rischonen* – auf, nämlich aus *Tohu* (»wüst«) und *Vohu* (»leer«). Die Begriffe gehen auf das Tohuwabohu in der Genesis 1,2 zurück (hebräisch: *Tohu va-Vohu*), jenem chaotischen Zustand der Welt vor dem ordnenden Eingreifen Gottes. Rischon ist der hebräische Ausdruck für »das Ursprüngliche«, das im Griechischen Proton heißt.

Der Trick von Harari besteht darin, zwischen Tohu (T) und Vohu (V) eine neue Kraft der Natur zu postulieren: Die Hyperfarbkraft. Analog zu den Quarks, die eine bestimmte Farbladung tragen, besitzen die Rischonen eine Hyper-

Das Rischonen-Modell

Rischonen	Ladung	Masse	Spin ($\hbar$)
Tohu (T)	1/3	?	1/2
Vohu (V)	0	?	1/2

Zusammensetzung der Quarks und Leptonen

TTT	Positron	
$\overline{\text{T}}\overline{\text{T}}\overline{\text{T}}$	Elektron	Leptonen
VVV	Elektron-Neutrino	
$\overline{\text{V}}\overline{\text{V}}\overline{\text{V}}$	Elektron-Antineutrino	

TTV, TVT, VTT	Up-Quark (in drei Farben)	
$\overline{\text{T}}\overline{\text{T}}\overline{\text{V}}$, $\overline{\text{T}}\overline{\text{V}}\overline{\text{T}}$, $\overline{\text{V}}\overline{\text{T}}\overline{\text{T}}$	Up-Antiquark	Quarks
TVV, VTV, VVT	Down-Antiquark	
$\overline{\text{T}}\overline{\text{V}}\overline{\text{V}}$, $\overline{\text{V}}\overline{\text{T}}\overline{\text{V}}$, $\overline{\text{V}}\overline{\text{V}}\overline{\text{T}}$	Down-Quark	

Zusammensetzung in Hadronen (ohne Berücksichtigung der »Farben«)

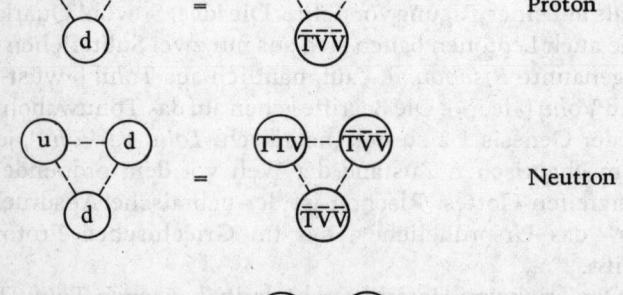

Proton

Neutron

Pi-Meson

farbladung; zu den Kräfen zwischen den Farben treten auf der nächsttieferen Ebene Kräfte zwischen Hyperfarben. T soll außerdem ein Drittel der elektrischen Ladung haben, das V soll elektrisch neutral sein.

Wie in einem Baukasten lassen sich nun Quarks und Leptonen daraus zusammensetzen. Das Positron (e^+) – Antiteilchen des Elektrons – entspräche der Dreifachkombination TTT, das Elektron-Neutrino entstünde als VVV, das Up-Quark mit seiner 2/3-Ladung würde entsprechend als TTV in seinen drei möglichen Farbladungen auftreten, also durch die Trios TTV, TVT und VTT dargestellt sein. Analog würden die Kombinationen TVV, VTV und VVT jeweils eine elektrische Ladung von +1/3 haben und sich damit als die drei Farbzustände des Down-Antiquarks identifizieren lassen. Ähnliche Kombinationen mit den Anti-Rischonen, dargestellt als $\bar{T}$ und $\bar{V}$, ergeben schließlich die übrigen Teilchen und Antiteilchen der ersten Generation. Die Ähnlichkeit zum ursprünglichen Quarkmodell ist auffallend und beabsichtigt; in der Tat setzt Harari hier nach dem inzwischen bewährten Rezept gewissermaßen ein Teilchenstockwerk unter die Quarks.

Trifft die Rischonen-Theorie zu, dann wird das bisherige Konzept der vier Fundamentalkräfte der Natur umgekrempelt:

– Es gibt nur drei fundamentale »Ladungen« (und zugehörige Kräfte) in der Natur – Farbe, Hyperfarbe und die Elektrizität. Die Kraft, die Quarks und Leptonen in sich zusammenhält, ist der Überrest der noch stärkeren Kraft zwischen den Hyperfarbladungen. Hyperfarbe würde sich erst bei so hoher Energie wie tausend Milliarden Elektronenvolt bemerkbar machen, entsprechend Distanzen von weniger als 10^{-17} Zentimeter. Es gäbe also keinen Widerspruch zum punktförmigen Verhalten des Elektrons bei den bisher gemessenen (größeren) Abständen.

– Die schwache Kernkraft ist in der Rischonen-Theorie keine fundamentale Kraft der Natur mehr; denn die Überträger dieser Kraft, also die W- und Z-Bosonen, wären selbst nur aus Rischonen zusammengesetzt.

– Mit Hararis Modell läßt sich erstmals vorhersagen, daß es so viele Teilchen-Generationen wie Quarkfarben gibt, also jeweils genau drei.

Die Teilchen der zweiten und dritten Generation sind im Rischonenmodell genauso zusammengesetzt wie die der ersten Generation. Sie stellen nur energiereichere, »angeregte« Zustände der jeweils gleichen Rischonenpakkung dar, d. h. die Rischonen bewegen sich innerhalb der jeweiligen Quarks oder Leptonen lediglich mit einer höheren Energie. Rischonen würden auch die Anzahl der Quarkfarben erklären, denn es gibt genau drei Möglichkeiten, Tohu und Vohu in einem Quark unterzubringen. Nach demselben Schema zeigt das Modell, warum die Leptonen dagegen *nicht* in verschiedenen Farben auftreten: Von TTT und VVV gibt es nun mal nur je eine Variante.

Auch die Ladungsgleichheit zwischen Proton und Elektron erklärt sich aus dem Rischonenmodell, nun auf einem tieferen Niveau als in der GUT. Denn die elektrische Ladung beider Teilchensorten ist jetzt auf den gemeinsamen Ursprung der elektrisch geladenen Rischonen zurückgeführt.

Ein letztes Beispiel für die Vorzüge von Hararis Präonen betrifft die mysteriös unsymmetrische Verteilung von Materie und Antimaterie im Universum. Dieses Problem stellt sich hier völlig anders dar als im Rahmen der GUT. Das Wasserstoffatom, Vertreter des häufigsten chemischen Elements im All, war es, das Harari einen Hinweis für die Konstruktion seiner Rischonen geliefert hat. (Die Überlegung gilt aber auch für alle anderen chemischen Elemente.) Das Wasserstoffatom mit einem Proton als Atomkern und einem Elektron als Atomhülle besteht aus den drei Quarks des Protons mit der Rischonenzusammensetzung TTV, TTV, und TVV (ignoriert man ihre Reihenfolge für die korrekte Quarkfarbe); das Elektron hat den Aufbau TTT. Aufaddiert ergibt das vier T-Rischonen, vier T-Anti-Rischonen, zwei V-Rischonen und zwei $\bar{V}$-Anti-Rischonen. Auf den Rischonenebene herrscht also in unserer neutralen Materie eine perfekte Symmetrie zwischen Materie- und Antimateriebausteinen.

Soweit die *good news* über Präonen. An Kritik fehlt es nämlich keineswegs. Harari selbst zögert nicht, sie vorzubringen: Sollte man jetzt in den Quarks, die man nicht sehen könne, nach weiteren, viel weniger sichtbaren Teilchen suchen? Auch besteht die Gefahr, so Hans-Peter Dürr, Schüler von Werner Heisenberg und Direktor am Heisenberg-Institut des Max-Planck-Instituts für Physik und Astrophysik in München, einen Theorieturm wie eine ineinandergeschachtelte russische Baba-Puppe aufzubauen: eine Theorie in der Theorie in der Theorie ... Genauso seien die Physiker von Hadronen zu Quarks und nun zu »Unterquarks« gelangt, ohne einem endgültigen Fundament wirklich nähergekommen zu sein. Die erste »radikale Vereinheitlichung« (Dürr) stamme schließlich von Heisenberg aus dem Jahre 1950. Viele seiner – damals revolutionären – Ideen und Konzepte seien heute Gemeingut der Teilchenphysiker.

Die Wurzel der Dinge, argumentiert Dürr, begreift man nicht, wenn man auf jeder tieferen Ebene nur immer wieder nach neuen Teilchen Ausschau hält. Das Konzept von »Bausteinen« hat Dürr zufolge nur bei kleineren (nicht relativistischen) Energien Bedeutung. Bei höheren Energien und immer stärkeren Kräften gibt es vielleicht keine teilchenartigen Bestandteile mehr. Das Feld – Heisenbergs Urfeld – sei das grundlegende Konzept: Laut Dürr der einzige Weg, dem Dilemma der russischen Puppe zu entrinnen.

Präonenmodelle werden noch Spekulation bleiben, so lange nicht klar wird, welche neuen Teilchen oder Effekte sie vorhersagen. Dies würde eine erfolgreiche Berechnung ihrer Bewegung im Innern der Quarks voraussetzen –

Rechnungen, die noch nicht einmal für die Bewegung der Quarks im Hadroneninnern gelungen sind. Einen deutlichen Hinweis auf die Existenz von Präonen könnte unter Umständen die Entdeckung eines Quarks oder Leptons mit dem Spin $+3/2$ (anstelle des normalen $+1/2$) liefern. Es wäre ein Anregungszustand eines Präons bezüglich des Spins, ähnlich wie die Teilchen der höheren Generationen bezüglich der Präonenmasse. Allerdings hält auch hier für den Fall ihrer Nichtentdeckung die Präonentheorie schon eine Ausflucht bereit. Ein mathematisches Theorem aus dem Jahre 1962 besagt nämlich, daß Quarks oder Leptonen mit einem Spin von $+3/2$ nicht auftreten können, wenn die Präonen selbst keine Ruhemasse haben.

Nach dem Vortrag des berühmten Physikprofessors kommt eine alte Dame auf ihn zu und sagt:

»Alles ganz schön – Urknall und Universum und Expansion. Aber leider ist das alles falsch. Wußten Sie schon, daß das Universum ein Elefant ist, der auf dem Rücken einer Schildkröte steht?«

Der Professor denkt nach und erwidert dann: »Liebe Frau, das kann doch nicht sein. Auch die Schildkröte muß ja auf etwas stehen.«

»Natürlich, sie steht auf einer größeren Schildkröte.«

»Und die größere Schildkröte – wo steht die?« fragt der Wissenschaftler, nun neugierig geworden.

»Aber, aber«, kräht die alte Dame triumphierend, »so kriegen Sie mich nicht. Es sind lauter Schildkröten – bis ganz unten hin!«

Teil III
Kosmische Extremisten

The stars are thrashed
And the souls are thrashed
From the husks

William Blake

6. Im Reich der Riesen und Zwerge

Das Gesetz des Stirb und Werde im All

Die Sache war peinlich. Als Galileo Galilei 1611 sein Fernrohr auf die Sonne richtete, sah er Unglaubliches: dunkle Flecken auf dem edlen Gestirn. Das konnte es doch gar nicht geben, denn die seit zweitausend Jahren gültige Physik des Aristoteles zählte die Sonne zu den »idealen Körpern«, makellos in einer der Kristallsphären des Himmels schwebend.

Indes: Schon tausend Jahre zuvor waren von Hofastronomen des Kaisers von China in Peking Sonnenflecken entdeckt worden. Und mit deren Wiederentdeckung durch Galilei begann eine wissenschaftliche Entwicklung, die heute die Sonne lediglich als einen Fixstern des Milchstraßensystems anerkennt, geeignet, Aufbau und Lebenszyklus eines Sterns aus nächster Nähe zu erforschen.

Ohne den »Brutkasten« Sonne, der seit 4,6 Milliarden Jahren die Erde bestrahlt und erwärmt, gäbe es kein irdisches Leben. Zugleich ist die Sonne Exerzierwiese für alle Sterntheorien, die sich Wissenschaftler ausdenken. Was schon die Geheimnisse der Sonne nicht enträtselt, hat kaum Chancen, für einen der anderen 200 Milliarden Sterne des Milchstraßensystems, über die wir viel weniger wissen, zu gelten.

Um so bewundernswerter, daß die Himmelsforscher heute im All nicht einfach Hunderttausende zusammenhangslos blinkender Leuchtpunkt wahrnehmen, sondern Querverbindungen sehen, alte und junge Sterne voneinander unterscheiden, ja, das stellare Treiben von der Geburt bis zum Tod mit geradezu familiären Verwandschaftsbeziehungen erklären. Da gibt es leichtgewichtige Dauerbrenner und hitzige Schwergewichte, explosive Katastrophensterne und »entartete« Kompaktobjekte. Da auch den Astronomen die Mythologie nicht fremd ist, griffen sie in die Märchenkiste und kreierten Weiße und Schwarze Zwerge, Rote und Blaue Riesen, Pulsare und Schwarze Löcher. Sterne sind ihrer Erscheinung nach oft sehr unterschiedlich, ihrem inneren Wesen nach aber meist eng miteinander verwandt: Sie sind Kugeln aus heißem Gas, die ihre Energie in das Weltall austrahlen. Zusammengehalten werden sie von ihrer eigenen Schwerkraft. Im Laufe seines Lebens durchläuft ein Stern verschiedene »fabelhafte« Phasen, mausert sich etwa von einem Roten Riesen zu einem Weißen Zwerg.

Die Sonne ist dafür ein Beispiel, wenngleich zu ihren – und unseren – Gunsten gesagt werden kann, daß sie eher ein gutmütiger, ja, beinahe langweiliger Stern-Zeitgenosse ist. Sie zählt nicht zu den wilden, dafür jedoch kurzlebigen Sternbrüdern, sondern zu den Mittelmäßigen und Standhaften in Masse und Oberflächentemperatur: Die meisten Sterne haben Massen, die von einem Zehntel bis zum Zehnfachen der Sonnenmasse reichen, und Oberflächentemperaturen zwischen 2500 und 25 000 Grad; auf der Sonne werden 5800 Grad gemessen. Wegen ihrer gelblichweißen Farbe und der kleinen Masse zählt die Sonne zu den »Gelben Zwergen«. Als kosmischer Dauerbrenner gilt sie, weil sie zu den 5 Milliarden Jahren, in denen sie Sekunde für Sekunde konstante Energiemengen ausstößt, mindestens noch einmal soviel hinzulegen wird, bevor sie sich erstmals drastisch verändert. Das entspricht dann einer

Gesamtlebensdauer von zehn Milliarden Jahren, der Hälfte des bisherigen Alters des Universums.

Das Geheimnis dieser wohltuenden Eigenschaften liegt im Innern der Sonne verborgen. Dort sitzt das stellare Kraftwerk, das die Energie dieses Fixsterns produziert. Da die Sonne schon seit knapp fünf Milliarden Jahren leuchtet, muß es ein besonderer Brennstoff sein, der in diesem Sternenofen verfeuert wird. Wäre die Sonne lediglich eine Art Kohlefeuer, dann hätte sie diese Zeitspanne nicht überdauert. Mit Kohle hätte die Sonne, wie auch jeder andere Stern, nur wenige Millionen Jahre strahlen können.

Ein Roter Riese ist die Mutter eines Weißen Zwergs

Neue Naturgesetze mußten also gefunden werden, um das Rätsel des Sternenfeuers zu lösen. Entdeckungen in den dreißiger Jahren duch Hans Bethe und Carl-Friedrich von Weizsäcker wiesen den Weg: Wenn Atomkerne leichter Elemente wie etwa Wasserstoff miteinander verschmelzen, wird Energie freigesetzt – etwa 20 Millionen mal soviel wie bei der Verbrennung der gleichen Menge Kohlenstoff. Aus Wasserstoff entsteht dabei Helium. Diesen Prozeß nennt man Kernfusion, die zwar auch die Wasserstoffbombe explodieren läßt, in den Sternen allerdings kontrolliert abläuft. Die Sonne ist der größte Fusionsreaktor unserer kosmischen Umgebung, und wenn wir zum Nachthimmel blicken, sehen wir nichts als Tausende energiespeiender Fusionsreaktoren in Betrieb. Die meisten Sterne – die sogenannten Hauptreihensterne – verbrennen Wasserstoff. Die heißesten Hauptreihensterne sind 30mal massereicher als die Sonne und leuchten 100 000mal stärker. Dafür verbrauchen sie aber auch ihre nuklearen Brennvorräte 100 000mal schneller, was ihre Lebensdauer auf wenige Millionen Jahre beschränkt.

Die Wasserstoff-Fusion im Sterninnern erzeugt dort

Temperaturen von 15 Millionen Grad, während das Eigengewicht der Sonnenmasse das Gas dort auf die 150fache Dichte von Wasser komprimiert. Es ist der nach außen gerichtete Druck dieses Energiezentrums – er entspricht dem Zehnmilliardenfachen des irdischen Luftdrucks –, der die nach innen gerichtete Sonnenschwerkraft ausgleicht und so dafür sorgt, daß der Fixstern Sonne als dauerhafter glühender Feuerball existiert.

An diesem Balanceakt ändert sich nichts, bis etwa zehn Prozent der Wasserstoffvorräte verbraucht sind. In jeder Sekunde verbrennt ein Stern wie die Sonne 650 Millionen Tonnen Wasserstoff zu Helium, das sich im Zentrum des Sterns sammelt. Das Brennmaterial reicht für rund zehn Milliarden Jahre Dasein als Hauptreihenstern. Nur masseärmere Sterne als die Sonne entwickeln sich noch langsamer und leben daher länger.

Was danach passiert, endet in der Regel dramatisch. Dann entstehen Weiße Zwerge, Neutronensterne oder Schwarze Löcher. Sobald in seinem Innern nur noch 90 Prozent des ursprünglichen Wasserstoffs vorhanden ist, verläßt der Stern die Gemeinschaft der Hauptreihensterne – eigentlich geht er aufs Altenteil. Anders als bei Menschen setzt er sich jedoch nicht zur Ruhe, sondern scheint plötzlich zu erkennen, daß er die letzten zehn Milliarden Jahre verschlafen hat und versucht nun, dies auf seine alten Tage durch rege Aktivitäten wettzumachen.

Im Zentrum des Sterns hat sich inzwischen die »Fusionsasche« Helium zu einer schweren Kugel angesammelt, die selbst nur mehr wenig Energie erzeugt. Gleichzeitig strahlt der Stern aber nach wie vor die gleiche Energiemenge in den Weltraum, jetzt mehr, als ihm aus seinem Innern nachgeliefert wird. Dieses Dilemma löst der Stern auf seine Weise. Die Heliumkugel schrumpft, liefert dem Stern dadurch Gravitationsenergie und heizt sich auf.

In dieser Phase spaltet sich der Lebensweg der Sterne. Verfolgen wir zunächst jene, die höchstens das Zweifache der Sonnenmasse besitzen. Für diese masseärmeren Sterne geht es nun rasch. Der Wasserstoff, der unmittelbar die Heliumkugel umgibt, entzündet sich. Er brennt in einer Schale, die sich durch den Stern nach außen frißt. Dies führt dem Heliumkern weitere Heliumasche zu; außerdem bläht sich dadurch die restliche dünne Wasserstoffhülle des Sterns rapide auf: Er wird zum Roten Riesen. Noch während er zur vollen Größe anschwillt, kontrahiert der Heliumkern weiter, aus dem später einmal ein Weißer Zwerg wird. Während also der Rote Riese seine Pracht am Himmel entfaltet, wächst gleichzeitig in seinem Zentrum heran, was einmal von ihm übrigbleiben soll. Ein Roter Riese ist also gewissermaßen die Mutter eines Weißen Zwerges.

Der Rote Riese hat sich im falschen Moment zur Aktivität entschlossen. Er lebt über seine Verhältnisse, denn seine nuklearen Reserven sind fast verbraucht. Noch hat er kleine Vorräte, das Helium. Er kann es durch Kernfusion zu immer schwereren Elementen verbrennen, bis hin zum Eisen. Das klappt aber nur, wenn die Brenntemperaturen stufenweise ansteigen. Andererseits wirft er dabei immer weniger Energie ab, weshalb der Anstieg immer schneller erfolgen muß. Mit der Gier nach mehr Energie betreibt der Rote Riese seinen Untergang; zugleich bereitet er die Geburt des Weißen Zwerges vor.

Sobald die Temperatur im Heliumkern auf über 100 Millionen Grad gestiegen ist, »zündet« das Helium – setzt seine nukleare Verbrennung zu Kohlenstoff ein. Die Zündung ereignet sich explosionsartig, es kommt zum sogenannten Helium-Blitz. Jetzt – oder, je nach Masse des Kerns, etwas später – stößt der Rote Riese seine Wasserstoffhülle ab. Er löst sich auf, und übrig bleibt der nackte Heliumkern, ein Weißer Zwerg. Er ist etwa so groß wie ein Planet, ein lichtschwaches Objekt; aber mit dem Hunderttausendfachen der Erdmasse und mit einer Dichte in seinem Zentrum von etwa 100 Tonnen pro Kubikzentimeter.

Die davontreibende Hülle läßt sich oft als »planetarer Nebel« am Himmel beobachten.

Auch die Sonne wird einmal diesen Weg einschlagen. Als Roter Riese wird sie, von der Erde aus gesehen, den halben Himmel ausfüllen, ihre inneren Planeten Merkur und Venus verschlucken und auf der Erde alles Leben auslöschen: Die Lufthülle reißt von der Erde weg, die Weltmeere verdampfen und die Erdoberfläche verkohlt.

Danach verwandelt sich auch die Sonne in einen Weißen Zwerg, der langsam erkaltet. Nach weiteren fünf Milliarden Jahren, also zehn Milliarden Jahre von heute an gerechnet, wird sie zum kalten Materieklumpen, einem »Schwarzen Zwerg«. Dann herrscht ewige Dunkelheit im Sonnensystem.

Die Weißen Zwerge hingegen zählen bereits zu den »Extremisten« unter den Sternen. Ihr geballtes Gewicht wird nicht mehr, wie bei den sonnenähnlichen Sternen, durch den Gegendruck aus der Fusionsenergie abgestützt. Die Weißen Zwerge bleiben wegen der Elektronen im Sterngas stabil. Diese Elementarteilchen sind von den Heliumatomen getrennt und so dicht gepackt, daß sie einen ausreichenden Druck gegen das Sterngewicht aufbringen. Um die Oberfläche eines Weißen Zwerges zu verlassen, müßte ein Raumschiff auf über 3000 Kilometer pro Sekunde beschleunigen. Zum Vergleich: Um den Anziehungsbereich der Erde zu verlassen, muß eine Rakete nur eine Fluchtgeschwindigkeit von 11,2 Kilometer pro Sekunde erreichen.

Was passiert nun mit den schweren Sternen, die sich mit mehr als dem Doppelten der Sonnenmasse aufs Altenteil begeben? Diese »schweren Brüder« der Sternfamilie zehren ihre nuklearen Energievorräte nicht nur schneller auf und leben daher wesentlich kürzer; sie sorgen auch, zur Freude der Wissenschaftler, für Dramatik im Weltall und bringen die erwähnten Extremisten hervor, die das heiße, stürmische Universum bevölkern.

Zunächst gleicht ihre Biographie der eines massearmen

Sterns, läuft jedoch im Vergleich dazu im Zeitraffer ab. Schon nach einigen Dutzend Millionen Jahren haben sie ihren Wasserstoff aufgebraucht und sich zu einem gigantischen Roten Riesen aufgebläht, der, ins Sonnensystem gesetzt, noch den Jupiter in sich verschlingen würde. Schritt für Schritt werden nun jedoch bei steigenden Temperaturen die höheren Fusions-Brennstufen durchlaufen. Der Heliumkern schrumpft, zündet und verbrennt zu Kohlenstoff und Sauerstoff. Der Stern erhitzt sich dann auf mehrere Milliarden Grad; Kohlenstoff und Sauerstoff verbrennen schrittweise in immer neuen Schalen, die wie die Schalen einer Zwiebel übereinanderliegen – Neon, Magnesium, Silizium, Phosphor und Schwefel bis zu Nickel und Eisen. Jede neue Zündung, begleitet vom Helium-Blitz, vom Neon-Blitz oder vom Magnesium-Blitz, schüttelt den Stern, der dadurch schichtweise Teile seiner Hülle abstößt, während sich im Zentrum ein metallischer Körper aufbaut.

Die dabei jeweils gewonnene Energie geht dem Stern sehr schnell verloren, zunehmend auch in Form von – äußerst schwer nachweisbaren – Elementarteilchen, den Neutrinos. Dann setzt die kritische Phase ein, das »Todeszucken«. Dem Stern steht nur noch Gravitationsenergie zur Verfügung, gewinnbar durch Kontraktion. Mit einem ruckartigen Kollaps stürzt sein Inneres binnen Sekundenbruchteilen in sich zusammen. Diese Implosion prallt augenblicklich auf den metallischen Zentralkörper. In einem vehementen Rückstoß wird die Implosionsenergie wieder nach außen gekehrt und auf die Sternhülle übertragen: Der Stern explodiert als Supernova.

Die Supernova stößt dabei so viel Energie aus, daß sie für Stunden und Tage das Licht der zugehörigen Galaxie überstrahlt. Das Geheimnis des Supernova-Explosionsmechanismus ist jedoch noch immer nicht vollständig enträtselt. In jeder Galaxis zünden binnen eines Jahrhunderts im Durchschnitt nur wenige Supernovae. In unserem Milchstraßensystem sind aus dem letzten Jahrtausend nur fünf Ereignisse dokumentiert. Die bekanntesten: im Jahr 1054 (Entdecker: chinesische Hofastronomen), 1572 (Entdekker: Tycho Brahe) und 1604 (Entdecker: der Brahe-Schüler Johannes Kepler).

Supernova-Explosionen sind grundlegend für unsere Existenz. Zum einen verteilen sie die schweren Elemente, die sie in ihrem Innern erbrütet haben, wieder ins Weltall, wo sie, als Grundlage unserer Lebensform, schließlich auch den Planeten Erde entstehen ließen. Supernovae scheinen aber auch in vielen Fällen Geburtshelfer bei der Entstehung neuer Sterne gewesen zu sein.

Das Standardbild von der Geburt eines Sterns geht schon auf das Jahr 1644 zurück. Damals entwickelte der Philosoph und Mathematiker René Descartes die These, daß sich aus dem ursprünglich chaotischen Gas des Kosmos Wolken »fragmentierten«. Immanuel Kant und später Pierre Simon Marquis de Laplace haben diese These weitergedacht. Ein so abgespaltetes Wolkenstück würde sich dann durch seine eigene Schwerkraft zusammenziehen. Dabei rotiert es mehr und mehr – wie ein Eiskunstläufer, der sich rascher dreht, wenn er die ausgestreckten Arme eng an den Körper anlegt. Die Wolke nähme dadurch die Form einer Scheibe an, in deren Zentrum, das sich erhitzt, alsbald ein Stern entsteht. Der Rest zerfalle dann entweder zu Planeten oder balle sich zu einem zweiten großen Klumpen zusammen: Auf diese Weise bilde sich ein Doppelstern.

Der Haken an diesen Hypothesen von Kant und Laplace ist jedoch, daß das Wolkenfragment sich sehr dagegen wehrt, einfach durch eigene Schwerkraft zusammenzuschnurren: Sowohl die Rotation als auch die steigende Selbsterhitzung und eingebettete Magnetfelder verzögern oder verhindern die Sternentstehung. Die Wolke braucht also einen »Schubs«, um diese Hürden zu überwinden. Dieser Anstoß kann von Supernovae ausgehen. Zahlreiche

Beobachtungen weisen darauf hin, daß die Schockwelle benachbarter Supernovae interstellare Wolkenstücke wie ein Schneepflug so weit zusammenschiebt, daß sie, trotz innerem Widerstand, kontrahieren. Möglicherweise ging es unserem Sonnensystem nicht anders.

Im Jahre 1977 mehrten sich erstmals konkrete Hinweise darauf, daß eine Supernova die Kontraktion des Urnebels, aus dem das Sonnensystem entstand, ausgelöst hat. Anlaß für diese Annahme der Physiker waren genaue Analysen einiger Meteorite. Deren Zusammensetzung wich so deutlich ab von den Substanzen auf der Erde, daß eigentlich nur eine Supernova sie ausgeschleudert und in die solare Urwolke eingeschossen haben konnte. Die Wissenschaftler rekonstruierten, daß der Geburtshelfer für das Sonnensystem in nur wenigen Lichtjahren Abstand detoniert sein könnte, nur wenige Millionen Jahre vor der Entstehung des Sonnensystems.

Explodierende Sterne bilden, abgesehen vom Urknall am Anfang der Welt, den Lebensnerv der kosmischen Evolution. Sie sind die Ursache für die Entstehung der Neutronensterne und der Schwarzen Löcher.

Man stelle sich vor: Die Masse der Sonne, zusammengepreßt auf eine Kugel von der Größe Hamburgs; eine Kugel, so dicht gepackt wie ein Atomkern, aber mit 20 Kilometer Durchmesser: Das ist ein Neutronenstern. Sein Magnetfeld ist das stärkste im Kosmos. Seine Materie besteht überwiegend aus Neutronen, die, ähnlich wie beim Weißen Zwerg die Elektronen, den notwendigen Gegendruck aufbringen, um das Sterngewicht auch bei einem so kleinen Volumen im Gleichgewicht zu halten.

Ein Neutronenstern dreht sich unvorstellbar schnell. Ein »Tag« im Leben eines Neutronensterns dauert manchmal nur eine Tausendstelsekunde. Diese rotierende Kugel hat auch eine Kruste aus Eisen, etwa einen Meter dick. Die eisernen Gebirge auf einem Neutronenstern sind nur wenige Zentimeter hoch. Ein Mensch, ausgesetzt auf der

Oberfläche eines Neutronensterns, hätte ein Gewicht von 20 Millionen Tonnen zu ertragen, das 100fache eines Supertankers. Um von der Oberfläche eines Neutronensterns zu fliehen, müßte ein Raumschiff 67 Prozent der Lichtgeschwindigkeit erreichen, also 200 000 Kilometer in der Sekunde.

Die Hälfte aller Sterne im All existiert als Zwilling

Diese Fakten klingen so »unirdisch«, daß sie mehr an Science-fiction erinnern als an handfeste Astronomie. Und doch zählen sie längst zum astronomischen Alltag. Über dreihundert Objekte dieses Typs sind allein im Milchstraßensystem bekannt.

Nur aus einer Supernova können solche Stern-Exoten entspringen. In den wenigen Millisekunden vor einer Supernovaexplosion, noch während der Implosion also, komprimiert sich der metallische Körper im Zentrum des gealterten Sterns. Sobald dann die Sternhülle abgesprengt ist, erblickt der Neutronenstern das Licht der Welt. Genau das geschah jedenfalls im 11. Jahrhundert, exakt am 4. Juli 1054, im Sternbild des Stiers. In der Mitte der heute immer noch auseinanderstrebenden Explosionswolke, dem Krebsnebel, blieb, so wissen wir heute, ein Neutronenstern zurück, 5000 Lichtjahre von der Erde entfernt.

Jedoch nicht durch Licht, das wir mit den Augen wahrnehmen könnten, hat der Neutronenstern im Krebsnebel auf sich aufmerksam gemacht. Er sendet uns Botschaften in Form von Radiosignalen, exakten Pulsen, 30 in der Sekunde, die durch die Sterndrehung nach Art eines Leuchtturms entstehen. Pulsare nennen deshalb die Wissenschaftler diese Klasse von Neutronensternen, obwohl sie rotieren und nicht »pulsen«.

Der bislang schnellste Pulsar wurde im November 1982 im Sternbild »Fuchs« entdeckt. Er dreht sich pro Sekunde

642mal um seine eigene Achse. Jeder Punkt an seinem Äquator bewegt sich wegen der rasenden Drehung mit 39 000 Kilometer in der Sekunde. Vergleichswert für einen Punkt am Erdäquator: 0,46 Kilometer pro Sekunde. Dieser Pulsar mit der Bezeichnung PSR 1937+214, von dem Radioastronom Donald Backer und seiner Gruppe an der Universität von Berkeley identifiziert, hat eine Pulsperiode von exakt 1,55806449023 Millisekunden. Die »Uhr« dieses Pulsars stellt einen neuen astronomischen Rekord an Präzision auf. Erst in 250 Millionen Jahren würde diese Pulsar-Uhr nur noch halb so schnell ticken.

Der neuentdeckte Millisekunden-Pulsar scheint eine neue Epoche in der Neutronenstern-Forschung einzuleiten. Denn unklar ist bislang die Entstehung dieses Objekts, da es sich, typisch für einen frischgeborenen Pulsar, sehr schnell dreht und trotzdem einige hunderttausend Jahre alt sein soll. Der Verdacht fällt hier auf die Doppelsterne. Nicht nur sind rund 50 Prozent aller Sterne in Doppelsternen gebunden; auch Neutronensterne fallen häufig durch ihre Aktivität in einem Doppelsternsystem auf. Dort allerdings nicht durch scheinbar gepulste Radiowellen als vielmehr durch eine pulsierende Röntgenstrahlung.

Die Röntgenastronomie ist noch jünger als die Radioastronomie. Kosmische Röntgenstrahlen werden von der Erdatmosphäre abgefangen und müssen deshalb mit hochfliegenden Ballons, Raketen oder Satelliten registriert werden. Der erste Röntgensatellit, »Uhuru« (dem Suaheli-Wort für »Freiheit«), 1970 in Kenia von der NASA gestartet, stieß bald auf Strahlungsquellen, die exakt periodische Röntgenblitze zu uns schicken. Heute gilt als gesichert, daß es sich dabei um massereiche Doppelsternsysteme handelt, in denen ein Neutronenstern mit einem starken Magnetfeld um einen Riesenstern kreist.

Im Röntgen-Doppelstern Hercules X-1 umkreist der 20 Kilometer große Neutronenstern alle 1,7 Tage einen

»Blauen Überriesen«. Die Supernova, die diesen Neutronenstern hinterließ, hat also den Doppelstern nicht auseinandergerissen. Der Blaue Überriese hat zwar die gleiche Masse wie der Neutronenstern, ist aber dreimal größer als die Sonne. Als Folge verströmt er Gas an seinen winzigen Nachbarn, der es mit seinem starken Gravitationsfeld an sich reißt. Das eingefangene Gas stürzt auf den Neutronenstern und »knallt« mit etwa halber Lichtgeschwindigkeit bei seinen Polkappen auf. Beim Absturz strahlen das erhitzte Gas wie auch die aufgeheizten Polkappen die Röntgenwellen aus, die bei Hercules X-1 zehntausendmal so energiereich sind wie die Strahlung der Sonne. Die Röntgenpulse entstehen durch den gleichen Leuchtturmeffekt wie beim Radiopulsar.

Das letzte Kapitel der exotischen Altersphase schwerer Sterne beginnt gleichfalls mit einer Supernova. Einzige Bedingung: Bei der Implosion im Supernova-Kern wird mehr Masse zusammengequetscht, als selbst die Teilchen eines Neutronensterns halten können. Wenn mehr als drei Sonnenmassen gleichzeitig kollabieren, dann werden auch die Neutronen zertrümmert, und keine Kraft des Universums kann den weiteren Zusammensturz aufhalten. In Millisekunden bricht der Materieklumpen zu einem Punkt zusammen. Je weiter die Materie in sich zusammenstürzt, desto stärker wächst an ihrer schrumpfenden Oberfläche die Gravitationskraft – und damit auch die jeweilige Entweichgeschwindigkeit. Im Nu wird ein Punkt erreicht, an dem diese Geschwindigkeit größer wird als die Lichtgeschwindigkeit.

Die Erde, zu einem Schwarzen Loch komprimiert,
wäre tischtennisballgroß

Das ist der Punkt ohne Wiederkehr. Obwohl die Materiekugel unaufhaltsam weiter schrumpft, bleibt diese Grenze draußen bestehen. Es ist dies die »Oberfläche« des Schwarzen Lochs, der sogenannte Ereignishorizont. Er umgibt einen Raumbereich, aus dem kein Teilchen, ja, selbst Licht nicht mehr nach draußen entweichen kann: Eine kosmische Einbahnstraße ist entstanden. Ein Schwarzes Loch bleibt also auch unsichtbar. Was Astronomen registrieren können, ist Strahlung aus dessen Umgebung, etwa die Röntgenstrahlung einstürzender Gasmassen, kurz bevor sie von dem kosmischen Moloch auf immer verschluckt werden.

Würde die Erde zu einem Schwarzen Loch komprimiert, käme ein tischtennisballgroßes Gebilde heraus. Obwohl schon seit 1916 theoretische Berechnungen auf diese bizarren Objekte hinwiesen, war es wiederum erst der Uhuru-Satellit, der 1971 den Astrophysikern ein mutmaßliches Schwarzes Loch mit dem Zehnfachen der Sonnenmasse im Doppelsternsystem Cygnus X-1 im Sternbild Schwan anzeigte.

Seither wurden weitere potentielle Schwarze Löcher identifiziert, zunächst in weiteren Doppelsternsystemen innerhalb, aber Anfang 1983 erstmals auch außerhalb unserer Galaxie. Amerikanische und kanadische Wissenschaftler beobachteten in 80 000 Lichtjahren Entfernung, in der Großen Magellanschen Wolke, ein ähnliches System wie Cygnus X-1, für sie »der zweite wahrscheinliche Kandidat für ein Schwarzes Loch von Sternmasse«.

Ob Schwarze Löcher tatsächlich das letzte Stadium der Sterne darstellen, ist heute umstritten. Seit einigen Jahren beschäftigen sich die Wissenschaftler mit Theorien, die auch Schwarzen Löchern einen langsamen Tod prophezeien – ein explosionsartiges Verdampfen kurz vor dem Ende. Diese Selbstauflösung in Strahlung sollte dann auch durch einen Lichtblitz sichtbar werden.

Selbst wenn dies zuträfe, so verläuft das Sterben der Schwarzen Löcher so langsam, daß sie trotzdem dereinst die letzten sternförmigen, kompakten Gebilde sein werden, die der Kosmos enthalten wird. Wenn, wohin Beobachtungen derzeit tendieren, sich das Universum ewig ausdehnen sollte, dann wird es auch einem ewigen Kälteschlaf entgegendämmern. Die ewige Nacht wird kommen, weil dann alle nuklearen Brennvorräte des Kosmos aufgezehrt sein werden und keine neuen Sterne mehr entstehen, um dem Universum Licht zu spenden. Sollten auch Schwarze Löcher sich als nicht ewig »haltbar« erweisen, so werden sie in fernster Zukunft ein letztes Flackerlicht in das Dunkel der kosmischen Endzeit werfen. (s. »Vom Ende der Welt«)

7. Nacktheit und Tod Schwarzer Löcher

Aufstieg und Fall des Kosmischen Zensors

Bei Laien erregte die kosmische Katastrophe bislang allenfalls sanftes Gruseln als dramatischer Hintergrund eines Science-fiction-Films. Für Experten jedoch ist der infernalische Kollaps eines schweren Sterns zu einem Schwarzen Loch mehr als nur ein mit physikalischen Parametern beschreibbares Desaster draußen im All: Es rüttelt an der elementaren Vorstellung, daß sich die Welt eindeutig physikalisch beschreiben läßt.

Was sich im Innern eines Schwarzen Lochs abspielt, beunruhigt die Astrophysiker schon seit der (theoretischen) Entdeckung der bizarren Himmelkörper: Sobald der Strahlungsdruck der Kernfusionsprozesse im Sterneninneren erlischt, stürzt die Materie in sich zu einem unendlich kleinen Punkt zusammen, in dem Temperatur und Dichte unendlich groß werden. Solche singulären Punkte, im Fachjargon Singularitäten genannt, sollten nach Meinung der Wissenschaftler besser vor dem Rest der Welt verborgen bleiben. Denn was aus Singularitäten herauskomme, so schauderten die Theoretiker, sei naturgesetzlich nicht bestimmt. Damit aber entzöge sich die Welt im Einflußbereich der Singularitäten der eindeutigen physikalischen Beschreibung.

In ihrer Beweisnot handelten die Forscher menschlich. Nach dem Motto, daß nicht sein kann, was nicht sein darf, hegten sie lange Jahre die Vermutung, ein mildtätiger »kosmischer Zensor« würde derlei physikalische Greuel stets innerhalb der Schwarzen Löcher und somit vor uns verborgen halten. Und sie postulierten, daß wir keine Singularitäten direkt sehen könnten (diese müßten dann ja sozusagen »nackt« sein).

Zwei Erkenntnisse drohen aber nun, die Fähigkeiten des kosmischen Zensors in Zweifel zu ziehen. Zum einen brachte 1983 der griechische Theoretiker Demetrios Christodoulou ein schwerwiegendes Argument gegen die Hypothese vom »kosmischen Zensor« vor. Der bis 1983 am Max-Planck-Institut für Astrophysik in Garching bei München arbeitende Wissenschaftler – er ist jetzt Professor in Syracuse/USA – legte damit nahe, daß die Natur möglicherweise nicht ganz so »heil« sei, wie es sich Kosmologen wünschten.

Zum anderen bedrohen schon länger die Ergebnisse des britischen Astrophysikers Stephen Hawking (Cambridge) den kosmischen Zensor, indem er einen Mechanismus für den Tod der Schwarzen Löcher präsentierte.

Die Hypothese vom »kosmischen Zensor« war erstmals 1969 von dem britischen Theoretiker Roger Penrose, Universität von Oxford, formuliert worden. Er sah sich »mit der vielleicht fundamentalsten Frage der Kollapstheorie« konfrontiert: »Existiert ein kosmischer Zensor, der das Auftreten ›nackter Singularitäten‹ verbietet und sie stets im Innern eines Schwarzen Loches verbirgt?«

Penrose hatte bei seiner Namensgebung eine Anleihe beim »Maxwell-Dämon« aus dem 19. Jahrhundert gemacht. Beide akademischen Gespenster sollten Ungereimtheiten in einem Kosmos kaschieren, der vor nicht allzulanger Zeit erst von den Göttern bereinigt worden war. Nicht genug: Penrose schrieb seinem dubiosen Weltgeist auch noch höchstrichterliche Zensoraufgaben zu.

Der Grund für den scherzhaften Flirt mit der Metaphysik ist in den damals schon bekannten Eigenschaften der Schwarzen Löcher zu suchen. Ein Stern, der seine nuklearen Brennvorräte vollständig aufgebraucht hat, wird zunächst instabil. Er verliert in seinem Innern den Strahlungsdruck des atomaren Feuers, der ihn bis dahin gestützt hat, und beginnt unter seinem eigenen Gewicht zu schrumpfen. Dabei verändert sich die Sternmaterie: Die verschieden geladenen Atombausteine, Protonen und Elektronen, werden so zusammengequetscht, daß viele Neutronen entstehen. Das aber macht den Stern »weicher«, weshalb er unter seinem eigenen Gewicht immer schneller nachgibt.

Die Katastrophe kommt dann innerhalb eines Sekundenbruchteils. Aus der Instabilität wird eine Implosion und der Stern stürzt in sich zu einem Punkt zusammen. Auf der in Milliardstel Sekunden schrumpfenden Sternoberfläche wächst wegen der zunehmenden Schwerkraft auch die Fluchtgeschwindigkeit – die Geschwindigkeit, die zum Verlassen eines Himmelkörpers nötig ist – rapide an. Schließlich bleibt ein Raumbereich übrig, aus dem weder Teilchen noch Licht entweichen können: ein Schwarzes Loch. Die Randzone des Bereichs – Ereignishorizont genannt – bildet eine Art Oberfläche des Schwarzen Lochs. Sie ähnelt einer kosmischen Einbahnstraße: Alles kann durch sie in das Schwarze Loch hineinfallen, aber nichts kann mehr heraus.

Schwarze Löcher zählen zu den Extremisten unter den Himmelskörpern. Die Sonne würde zu einer Kugel von sechs Kilometern Durchmesser schrumpfen. Und die zweihundert Milliarden Sterne der Milchstraße verschwänden in einem Raum von der Größe des Sonnensystems. Ein Astronaut, der sich einem sechs Kilometer großen Schwarzen Loch näherte, würde durch die immense Schwerkraft schon in 200 Kilometer Entfernung in Stücke gerissen.

Dennoch ist ein Schwarzes Loch von bestechender Einfachheit. Seine Einbahnstraßenoberfläche verbirgt sein fatales Innenleben. Dort nämlich setzt sich die Implosion unaufhaltsam fort, wobei – unsichtbar für jeden Beobachter draußen vor dem Ereignishorizont – die Singularität entsteht.

Eine Theorie, die vorhersagt, daß irgendein beobachtbarer Wert unendlich groß werden soll, ist – in diesem Punkt jedenfalls – am Ende. Über eine Singularität hinaus kann sie keine Vorhersagen machen; schon die Unendlichkeit selbst entzieht sich der Zuständigkeit jeder physikalischen Theorie. Gewöhnlich nehmen die Theoretiker an, daß Singularitäten nur als ein Artefakt einer all zu einfachen und idealisierten Naturbeschreibung auftreten, also nur als eine mathematische Fiktion. Ziehe man die Prozesse in der Natur realistischer in Betracht, dann verschwänden die Singularitäten schon von selbst. Da Einsteins Allgemeine Relativitätstheorie als die für Schwarze Löcher benutzte Theorie der Schwerkraft keine Quanteneffekte berücksichtigt, besteht die Hoffnung, daß Singularitäten durch Anwendung einer erweiterten Quanten-Gravitationstheorie beseitigt werden könnten. Leider gibt es eine solche allgemeine Theorie aber noch nicht und Näherungsberechnungen mit Computern führten vorläufig nicht zu befriedigenden Resultaten.

Lange Zeit schienen die Schwarzen Löcher für Objekte mit mehr als dreifacher Sonnenmasse ein unausweichliches Schicksal zu sein: eine kosmische Endlagerung für schwere Sterne, aber auch für die massereichen Zentren kompletter Galaxien mit Milliarden von Sonnen.

Die Berechnungen stützten sich auf zwei alte Arbeiten. Der Relativitätstheoretiker Richard Tolman hatte 1934 eine mathematische Lösung für Staubkugeln mit beliebiger Materieverteilung (Dichte) publiziert. Fünf Jahre später veröffentlichte J. Robert Oppenheimer (noch bevor er an der Atombombe arbeitete) zusammen mit seinem

Schüler Hartland Snyder eine Kollapsstudie. Darin beschrieben sie – als Spezialfall der Tolman-Lösung – den Zusammensturz einer Staubkugel mit gleichmäßiger Materieverteilung.

Auf diesen Spezialfall stützte sich Roger Penrose: Sobald beim Kollaps die Singularität entsteht, ist sie, auch schon durch die (nach außen) undurchdringliche Oberfläche des Schwarzen Lochs, vor dem Rest der Welt verborgen – ein Spezialfall, bei dem die Hypothese vom »kosmischen Zensor« in der Tat zutrifft.

Der allgemeinere und damit astrophysikalisch interessantere Fall ist freilich eine Staubkugel mit unterschiedlicher Materieverteilung. Doch das realistischere Modell blieb mathematisch unbearbeitet, wohl auch, weil mit der Zeit sogar in Lehrbüchern behauptet wurde, daß es nichts Neues erbringen würde. So festigte sich allmählich der Glaube an die bequemere Zensorhypothese, die trotz jahrelanger Bemühungen nicht zu Fall zu bringen war.

Als Christodoulou 1983 auf das Problem stieß, war er »sehr erstaunt, daß 50 Jahre lang der Kollaps der inhomogenen Staubkugel mathematisch nicht gelöst wurde«.

Nach komplizierten Berechnungen, die der griechische Theoretiker im Sommer 1983 auf einer internationalen Fachtagung im italienischen Padua erstmals vortrug, konnte das »kosmische« am Zensor getrost gestrichen werden: Er versagt in der realistischen Kollapssituation. Die Singularität ist, für kurze Zeit jedenfalls, auch für ferne Beobachter (etwa auf der Erde) sichtbar. Sie zeigt sich als »nackte Singularität«, weil sie von der etwas zu langsam wachsenden Oberfläche des Schwarzen Lochs einen winzigen Augenblick lang nicht verhüllt werden kann.

Damit war der »kosmische Zensor«, so wie sich Penrose ihn vorgestellt hatte, zunächst erledigt. Christodoulou entdeckte bei seiner Analyse aber auch den tröstlichen Umstand, daß seine Zunft die nackte Wahrheit über den Tod der Sterne dennoch nicht mit anschauen muß. Die

Lichtstrahlen von der »nackten Singularität« erleiden nämlich unterwegs eine unendlich große Rotverschiebung, wobei sich ihre Wellenlänge immer mehr zum energieschwächeren Teil des Spektrums verschiebt, so daß sie am Ende gar keine Information mehr befördern können: Die Singularität ist zwar für Momente entblößt, aber da sie zugleich äußerst lichtschwach wird, hüllt sie sich trotzdem unverzüglich in ein gnädiges Dunkel.

Derlei stellare Schamhaftigkeit ist eine für die Vorhersagbarkeit der Welt günstige Eigenschaft. Darin ähnelt Christodoulous Modell auffällig den Ereignissen kurz nach der Entstehung des Kosmos im Urknall. Auch damals herrschte, den Theoretikern zufolge, ein unendlich dichter und heißer Zustand, die sogenannte Anfangssingularität. Und ähnlich wie bei der Kollapssingularität sind auch die Signale vom kritischen Augenblick des Urknalls unendlich weit in den roten Bereich des Spektrums verschoben: Der kosmische Zeugungsakt entzieht sich ebenso wie der Tod schwerer Sterne prinzipiell unserer Beobachtung.

Für die Astrophysiker ist deshalb die »nackte Singularität« keineswegs das interessanteste Ereignis beim Sternkollaps. Sie konzentrieren sich vielmehr auf den Moment kurz vor der Entblößung, in dem die Rotverschiebung noch nicht voll wirksam ist. Denn in diesen wenigen Sekundenbruchteilen kann hochenergetische Strahlung von der bereits hochkomprimierten und aufgeheizten Materie im Zentrum des Kollapses unter gewissen Umständen noch nach außen dringen: Neutrinos, Gravitationswellen und vielleicht auch elektromagnetische Signale könnten vom Todesschrei der Sternenmaterie künden, wie es sich Roger Penrose und sein »kosmischer Zensor« Ende der sechziger Jahre nicht träumen ließen.

Penrose hatte seinen Zensor ursprünglich nur als einen guten Geist für die »klassische« Relativitätstheorie konzipiert. Gesteht man ihm aber noch die Zuständigkeit für

Quanteneffekte des Gravitationsfeldes zu, dann mußte er sich schon seit 1974 bedroht fühlen.

Die Oberfläche eines »klassischen« Schwarzen Lochs – »klassisch«, weil zum Verständnis die Quantentheorie nicht einbezogen worden ist – nimmt niemals ab und vergrößert sich stets, wenn Materie oder Strahlung von einem Schwarzen Loch verschluckt werden wie von einer halbdurchlässigen Membran. Klassische Schwarze Löcher sind schwarz, kalt und unzerstörbar! Mehrere Schwarze Löcher können miteinander verschmelzen, um ein größeres Loch zu bilden. Eine Aufspaltung in mehrere, kleinere Schwarze Löcher ist dagegen unmöglich. Diese wichtige Aussage hatte Stephen Hawking selbst bewiesen. Darauf gründet sich Anfang der siebziger Jahre auch die Behauptung der Astronomen, Schwarze Löcher seien der Endpunkt aller Sternentwicklung, die Gräber ausgebrannter Sonnen.

Im Jahre 1974 aber warf Hawking genau dieses, von ihm miterrichtete Bild klassischer Schwarzer Löcher wieder über den Haufen. Unter Berücksichtigung von Quanteneffekten sagte er voraus, daß in der Nähe des Ereignishorizonts »Schwarze Löcher« weder schwarz noch kalt noch unteilbar seien. Vielmehr seien sie heiß, sendeten selbst Strahlen und Teilchen aus, ja, sogar kleine Schwarze Löcher – könnten sich also auch zerteilen – und lösten sich am Ende ihrer Tage explosionsartig auf. Und dieses Ende hinterläßt möglicherweise ein fatales Relikt: ebenfalls eine nackte Singularität. Wegen des »quantenmechanischen Tunneleffektes« wird der klassisch nach außen absolut undurchlässige Ereignishorizont nun doch zu keiner endgültigen Barriere für das Innenleben des Schwarzen Loches. Es strahlt Licht und Teilchen als Wärmestrahlung aus. Die ausgesandten Teilchen können sogar wieder kleine Schwarze Löcher sein, allerdings mit geringerer Wahrscheinlichkeit.

Da die Emission der Schwarzen Löcher »thermisch« ist, also nach Art eines thermodynamischen Schwarzen Körpers, läßt sich dem Schwarzen Loch nicht nur eine Temperatur, sondern auch eine Entropie zumessen. Die Entropie ist ein Maß für die thermodynamische Unordnung beziehungsweise fehlende Ordnung (gleich Information) des Systems. Bei Schwarzen Löchern ist sie, so läßt sich berechnen, proportional der Oberfläche des Ereignishorizontes. Diese Entropie ist unglaublich groß – eine Konsequenz der Tatsache, daß beim Kollaps fast die gesamte Information über den Ausgangszustand der kollabierenden Materie verlorenging, also sehr viel »Unordnung« produziert wird. Am Ende des Kollapses hat das Schwarze Loch ja nur mehr die simplen Eigenschaften Masse, elektrische Ladung und Rotation. Durch diesen Informationsverlust ist, thermodynamisch gesprochen, das Chaos enorm gestiegen. Ein Schwarzes Loch von Sonnenmasse hat daher eine um 10^{19} größere Entropie als der Stern, aus dem es durch einen Kollaps entstand.

Die Temperatur, ein Maß für die Energie der ausgesandten Strahlung, hat bei Schwarzen Löchern die bemerkenswerte Eigenschaft, mit abnehmender Masse zuzunehmen. Bei großen Schwarzen Löchern, etwa von der Masse der Sonne, ist die Temperatur extrem klein: etwa ein Zehnmillionstel Grad. Je kleiner aber ein Schwarzes Loch, um so größer wird die Temperatur. Bei einem Hundertstel der Mondmasse (10^{18} Tonnen) erreicht es rund 20 Grad Celsius, bei einem Tausendstel Mondmasse schon 200 Grad Celsius. Solch ein Schwarzes Loch wäre nur so groß wie der zehntausendste Teil eines Stecknadelkopfes, und so könnte man es an sich bequem in einem Topf Wasser unterbringen, um dies zu erhitzen. Leider wäre dieses Experiment zum Scheitern verurteilt. Weder gibt es eine Methode, ein derartiges Schwarzes Loch an Ort und Stelle zu halten – es würde einfach mit der Erdbeschleunigung zum Erdmittelpunkt fallen – noch wäre seine abgegebene Wärmeleistung groß genug, um das Wasser noch vor Ablauf von einigen hundert Jahren zum Kochen zu bringen.

Die Hawking-Strahlung wird also erst bei sehr kleinen, sogenannten Schwarzen-Mini-Löchern interessant. Die ausgestrahlte Energie reduziert die Masse des Schwarzen Loches. Dadurch steigt die Temperatur und damit wiederum der Masseverlust. Bei höherer Temperatur strahlt es noch mehr Energie ab, so daß seine Masse noch schneller abnimmt und die Temperatur noch mehr steigt. So beschleunigt sich laufend der Zerstrahlungsprozeß, bis sich das Schwarze Loch, unter Abgabe von Gammastrahlung, in einer kleinen Explosion auflöst – der »Tod« des Schwarzen Lochs tritt ein. Der Zerstrahlungsprozeß dauert bei stellaren Schwarzen Löchern sehr lange, etwa 10^{65} Jahre, für sogenannte supermassive Schwarze Löcher mit einigen Milliarden Sonnenmassen, wie sie im Innern von Quasaren und aktiven Galaxien vermutet werden, sogar bis zu 10^{100} Jahre. Wir haben also nur eine Chance, den Tod Schwarzer Löcher zu beobachten – wenn es im Universum Schwarze-Mini-Löcher gibt. Bei einer Masse von einer Milliarde Tonnen würden sie heute zerplatzen, wenn sie vor zwanzig Milliarden Jahren im Urknall erzeugt worden wären. Aus der im Kosmos vorhandenen Hintergrund-Gammastrahlung läßt sich daher schließen, wie viele kleine Schwarze Löcher bisher maximal explodiert sind.

Nach der »Geburt« eines Schwarzen Lochs wird sein Schicksal durch zwei konkurrierende Faktoren festgelegt: Es verkleinert sich durch Hawkings Zerstrahlungsprozeß, und es vergrößert sich durch Absorption von Materie. Die kleinen Schwarzen Löcher bieten so wenig Einfangfläche, daß sie auch in kosmischen Zeiträumen, durch Materieabsorption nur unwesentlich anwachsen. Bei größeren Schwarzen Löchern ist dagegen der Zerstrahlungseffekt unbedeutend, denn mit wachsender Masse nähert sich die Temperatur wieder dem absoluten Nullpunkt. Dafür ist ihr Wachstum durch Materieeinfang beträchtlich, wenn sie etwa, wie vermutlich bei Cygnus X-1, in einem Doppelstern am Partnerstern »knabbern« könnte. Je größer ein

Schwarzes Loch, desto eher nimmt es wieder die durch die klassische Theorie vorhergesagten Eigenschaften an.

Vielleicht sind explodierende Schwarze Löcher auch mit eine Ursache dafür, daß sich der uns bekannte Teil des Universums nur aus Teilchen und nicht auch aus Antiteilchen zusammensetzt, und dies, obwohl sie im Urknall des Standardmodells gleichermaßen vorhanden gewesen sein sollten. Im Zerstrahlungsprozeß stoßen Schwarze Löcher stets nur Strahlung oder zu gleichen Teilen Materie und Antimaterie aus, auch wenn das Schwarze Loch selbst ursprünglich nur aus Materieteilchen entstanden ist. Zumindest bieten Schwarze Löcher einen Mechanismus, der das Verhältnis von Materie zu Antimaterie verändern kann.

Kritisch für Penrose' kosmischen Zensor wird es im Moment der Explosion, wenn möglicherweise die Singularität entblößt wird. Im letzten Augenblick der Verdampfung steigt die Temperatur so rasch, daß die Näherungsannahmen in Hawkings Berechnung versagen. Streng genommen weiß man nicht, was passiert, wenn sich der Ereignishorizont am Schluß auflöst. Hawking selbst glaubt daher, daß sein Ergebnis zumindest qualitativ Gültigkeit behält, die Explosion stattfindet und danach eine nackte Singularität hinterläßt.

Leider ist der finale Gammablitz eines kleinen Schwarzen Lochs nicht besonders energiereich. Er könnte auch mit unseren Gammasatelliten nur bis zu wenigen Lichtjahren Abstand entdeckt werden. Genau deshalb ist aber denkbar, daß im Weltraum an vielen unbekannten Stellen nackte Singularitäten »lauern«. Damit wäre auch der Fall des kosmischen Zensors der Quanten-Gravitation besiegelt.

Teil IV
Mensch und kosmische Umwelt

*Es ist uns noch nicht gelungen,
die Anwesenheit von intelligentem
Leben auf dem Planeten Erde
festzustellen.*

(Aus einem Bericht der Marsianischen
Akademie der Wissenschaften)

8. Die Rolle des Menschen im All

Neue Gedanken zum anthropischen Prinzip

Das anthropische Prinzip (Anthropos = der Mensch) untersucht die Stellung, die der Mensch als Beobachter im Kosmos einnimmt. Es versucht, bei der Beurteilung der Welt von der Tatsache Gebrauch zu machen, daß es die Menschheit im Kosmos als dessen Beobachter gibt. Etwas so kompliziertes wie ein intelligentes Lebewesen kann nur unter besonderen Umständen entstehen – an besonderen Schauplätzen, nur zu gewissen Zeiten und nur unter besonderen materiellen und chemischen Voraussetzungen. Diese spezielle Position, die der Mensch auf dem Planeten Erde einnimmt, läßt sich als wissenschaftliche Quelle benutzen, um Informationen über den Aufbau des Kosmos und seine fundamentalen Eigenschaften zu gewinnen.

Seit 1981 mein Buch »Das anthropische Prinzip – Der Mensch im Fadenkreuz der Naturgesetze« erschien, haben mir viele Gespräche gezeigt, daß dieser Denkansatz in mehrfacher Weise mißverstanden wird. Deshalb greife ich hier die Diskussion wieder auf, um einmal zu verdeutlichen, daß das anthropische Prinzip keine Tautologie, sondern ein legitimes naturwissenschaftliches Denkwerkzeug mit der Kapazität der Vorhersage ist; und zum andern, daß es keine Hilfsargumente für eine teleologische Interpretation der Welt liefern kann. Schließlich will ich einige neuere Gedanken schildern, die inzwischen zum anthropischen Prinzip hinzugekommen sind. Zweifellos steht diese Diskussion in der Tradition um das Selbstverständnis der menschlichen Rolle im kosmischen Gesamtzusammenhang.

»Es erscheint vielen Menschen ganz undenkbar, daß es im Universum Vorgänge gibt, die nicht nach bestimmten Zwecken ausgerichtet sind. Weil wir bei uns selbst sinnloses Handeln für einen Unwert erachten, stört es uns, daß es Geschehen gibt, das jeden Sinnes entbehrt. Vor allem aber kränkt es den Menschen in seinem Selbstgefühl, daß er und seine Belange dem kosmischen Geschehen absolut gleichgültig sind.« So schrieb der Verhaltensforscher Konrad Lorenz über die »Vorstellung einer zweckgerichteten Weltordnung« und knüpfte damit an eine Jahrtausende alte Diskussion über das Selbstverständnis des Menschen an. Darin durfte der Mensch, zusammen mit der Erde, zumeist Zentrum und Krone der Schöpfung sein. Und dahinter stand, so schien es evident, natürlich ein Plan: Göttliches Wirken hatte den Menschen hervorgebracht; erst dieses Endprodukt – so die mittelalterliche Weltsicht – gab dem Dasein eine wirkliche Bedeutung.

Doch schon im 16. und 17. Jahrhundert ging es mit diesem, auf den Menschen konzentrierten Weltbild langsam zu Ende. Nikolaus Kopernikus, Johannes Kepler und Galileo Galilei bewiesen, daß nicht die Erde der Mittelpunkt des Kosmos war. Vielmehr drehte sie sich als Planet um ihr Zentralgestirn, die Sonne. Die moderne Astronomie setzte die »Dezentralisierung« des Schauplatzes Erde fort. Die Sonne, so fand sie heraus, ist nur einer von Hunderttausend Millionen Fixsternen der Milchstraße; die Milchstraße wiederum nur eine Sterneninsel unter vielen, nur eine der Hundertmilliarden Galaxien, die das sichtbare Universum bevölkern.

Den zweiten Schlag versetzte Darwins Evolutionstheorie der »Krone Mensch«. Durch Mutation und Selektion aus der Vielfalt, durch Überleben der jeweils bestangepaßten Lebensform wurde der *homo sapiens* zum letzten Glied einer Kette von Lebewesen: der Affe sein Vorfahr, die Amöbe sein Urahn. Die Genetik und Molekularbiologie räumten in den letzten zwei Jahrzehnten vollends auf: Einfachste organische Moleküle entstehen fast überall, im Weltraum, so auch schon auf der noch jungen Erde vor knapp vier Milliarden Jahren, aus denen sich rasch komplexere Makromoleküle entwickeln könnten. Leben, auch Intelligenz sollte im Prinzip auf vielen Planeten vorkommen.

Der darwinistische Evolutionsgedanke wurde damit auf die Moleküle ausgedehnt.

Die dritte Ohrfeige erteilte schließlich Sigmund Freud dem Selbstverständnis der Menschheit, als er und die Psychoanalyse nachwiesen, wie sehr der »freie Wille« vom Unterbewußten, frühkindlichen Erfahrungen und Verdrängtem eingeengt wurde.

Was ist nun das Mensch- und Weltbild, mit dem wir zu leben hätten: Ein halb zum Psycho- und Bioautomaten degradiertes Zwischenprodukt der Evolution, zufällig ausgesiedelt auf einem uninteressanten Staubkörnchen am Rande einer durchschnittlichen Galaxie? Erst diese Desillusionierung machte die Bühne frei, um die Frage nach der Rolle des Menschen im Kosmos neu zu stellen, ja, um überhaupt dazu neue Fragen zu stellen und nach Antworten zu suchen, frei vom historischen Ideologieballast. Angelpunkt des anthropischen Prinzips ist die Frage: Wie muß ein Universum beschaffen sein, damit es intelligentes Leben hervorbringt? Zwei Antworten darauf vorneweg. Einmal: Das ganze Universum war an der Entwicklung des intelligenten Lebens beteiligt; der Mensch wurde aus den Sternen geboren, ja, seine Geschicke reichen bis zum Anfang der Welt zurück, zum Urknall. Zum zweiten:

Die Naturgesetze mußten im wesentlichen genau so sein, wie sie sind, um Leben, so wie wir es kennen, hervorzubringen.

Das erinnert mehr an eine Reihe abenteuerlicher Behauptungen als an naturwissenschaftlich motivierte Thesen. Wie sollte es denn zugehen, daß das gesamte Universum bei unserer Hervorbringung mitgewirkt haben könnte, wenn wir doch nur ein Stäubchen auf einem Körnchen in einer trostlosen Ecke des All wären? Doch keine neue, säkularisierte Theologie soll hier die vorkopernikanische, vordarwinistische Hybris ersetzen, vielmehr sollen diese Thesen durch zwei Aspekte zumindest plausibel gemacht werden:

– durch die *materielle* Verbundenheit des Menschen mit dem Kosmos und

– durch die *strukturelle* Verbundenheit der menschlichen Existenz mit der Natur.

Als die Welt vor etwa 15–20 Milliarden Jahren aus einem heißen dichten Urzustand hervorging, entstanden in den ersten Minuten auch die Atomkerne der leichtesten Elemente, des Wasserstoffs und des Heliums. Wasserstoff ist Bestandteil des Wassers und macht drei Viertel unserer Körpersubstanz aus. Jedes Wasserstoffatom unseres Körpers ist das Produkt jenes kosmischen Ur-Infernos, das bei Temperaturen, wie sie heute nur noch im Innern der Sterne herrschen, die Protonen und Neutronen hervorbrachte.

Ebenso »kosmisch« ist die Herkunft aller schweren Elemente, die das Leben für seinen Aufbau benötigte, wie Sauerstoff, Stickstoff, Kohlenstoff, Eisen etc. Sie wurden erst in der Glut der Sterne »erbrütet«, die sich aus dem kosmischen Wasserstoff und Helium gebildet hatten. Das ging nicht auf einmal, sondern in vielen Stufen vor sich: Die Sterne alterten, explodierten, verteilten ihr erbrütetes Material an das interstellare Gas, aus dem wieder neue Sterne wurden. Viele solcher Sternzyklen und viele Milliarden Jahre waren nötig, bis das Sternengas so reichhaltig an schweren Elementen wurde, wie sie sich in dem Fragment des Urnebels fanden, aus dem Sonne und Erde kondensierten. Jedes einzelne Atom unseres Körpers hat also über Jahrmillionen schon in vielen Sternen geschlummert, hat an wenigstens einigen Tausend, wenn nicht Millionen Zyklen von Sterngeburten und Sterntod in »Supernova-Explosionen« teilgenommen. Enger könnte die menschliche Existenz an die Geschicke unserer Milchstraße und den Rest des Alls gar nicht gebunden sein. Die Evolution der Materie, aus der wir aufgebaut sind, begann somit bereits am Anfang der Zeit.

Der zweite Punkt betrifft die Naturgesetze. Warum sind die Naturgesetze so wie sie sind? Hier stellt man sich am besten die Umkehrfrage: Wie würden denn Natur und Kosmos bei veränderten Naturgesetzen aussehen? Wie sehr verschieden dürften sie sein, so fragt man sich besser, um dennoch eine intelligente Lebensform zu ermöglichen? Man vergleicht somit unseren Kosmos mit anderen, gedachten Universen: Welten, in denen etwa die bekannten Urkräfte andere Stärken haben, in denen die Elementarteilchen andere Massen aufweisen, in denen der Urknall anders verlief.

Diese Veränderungen, die jeweils ein alternatives Universum ergeben, bieten sich nicht nur wegen ihrer Einfachheit an. Die meisten dieser Eigenschaften sind – im Sinne eines kontingenten »Zufall« – eine Eigenschaft also, die so aber auch anders sein könnte. Es sind diese Beziehungen in der Natur, die (vorläufig) durch kein Naturgesetz »erzwungen« bzw. erklärt werden, die auch anders sein könnten, ohne zu einem Widerspruch zu führen. Und dies ist eines der Mißverständnisse beim anthropischen Prinzip. Denn das ist natürlich nicht der »Zufall«, gemeint im Sinn der Wahrscheinlichkeitstheorie, wo viele identische Systeme miteinander verglichen werden, und wie er in der Evolutionstheorie eine große Rolle spielt. Es gibt keine Statistik verschiedener Universen. Das Wort Zufall bezeichnet hier eine beobachtete, aber unerklärte Eigenschaft des Kosmos, der uns hervorbrachte. Beispiele dafür sind die erwähnten Parameter und Naturkonstanten, aber insbesondere auch alle Querbeziehungen unter ihnen, um die sich das Problem der »großen Zahl in der Kosmologie« rankt – ein Phänomen, das Physiker seit den 20er Jahren immer wieder beschäftigte: zuerst den britischen Kosmologen Sir Arthur Eddington, später auch die Physiker Paul Dirac (1938), Robert H. Dicke (1961) und Brandon Carter (1973):

– die Gravitation, die schwächste der vier Grundkräfte in der Natur, ist zehn-hoch-vierzig (10^{40}) mal schwächer als die elektrische Kraft;

– das Alter des Universums entspricht zehn-hoch-vierzig atomaren Zeiteinheiten;

– die Zahl aller Teilchen im sichtbaren Universum ist gleich dem Quadrat von zehn-hoch-vierzig.

Diese kosmologischen Koinzidenzen, alle verquickt mit der rätselhaften Zahl zehn-hoch-vierzig, führten Robert H. Dicke (Princeton) 1961 schließlich zum ersten Nachdenken über das anthropische Prinzip. Für sich betrachtet entweder bedeutungslos oder Anlaß für numerologische Zahlenmystik, kommt den kosmologischen und anderen Koinzidenzen eine entscheidende Bedeutung zu, wenn sie zusammen mit der Entstehung der Intelligenz in den Brennpunkt der Betrachtung rücken. Zusammengefaßt: Alle diese unerklärten »zufälligen« Eigenschaften waren wesentlich für die Entstehung der Menschheit. Und in dem Ausmaß, in dem auch Zufallsprozesse und Evolution durch Naturgesetze determiniert sind, gilt dies auch für die spezielle Evolutionsgeschichte, die das Leben hervorbrachte.

Das anthropische Prinzip erbrachte bisher hauptsächlich Aussagen über Kosmologie und Astrophysik (s. u.). Argumentiert wurde mit Eigenschaften und Erfordernissen der irdischen Biologie. Daß auch eine umgekehrte Anwendung möglich ist, und zwar von der Astrophysik ausgehend für das irdische Leben, ist neu und auch von Evolutionsbiologen bisher noch kaum wahrgenommen worden. Brandon Carter stellte den Gedanken 1983 auf einer Fachtagung in London vor. Danach läßt sich mit dem anthropischen Prinzip vorhersagen, daß außerirdische Zivilisationen extrem selten anzutreffen sein sollten, oder die Erde sogar einen einmaligen Sonderfall darstellt.

Carter geht aus von einer offensichtlichen Eigenschaft der biologischen Evolution auf der Erde, die bisher noch kaum beachtet oder gar als eine weitere Koinzidenz bestaunt wurde. »Was mich da besonders beeindruckt hat«, sagte der Astrophysiker, »ist die Tatsache, daß es für uns fast genau so lange gedauert hat, um auf diesem Planeten zu entstehen wie die Sonne als Energielieferant überhaupt zur Verfügung steht.« Gemeint ist damit einmal, daß die Sonne nach astrophysikalischem Wissen in ihrem jetzigen Zustand insgesamt nur runde zehn Milliarden Jahre zubringen kann. Ein geeigneter Lebensraum für eine biologische Evolution, eine sogenannte Ökosphäre, steht auf der Erde maximal für diesen Zeitraum zur Verfügung. Danach wird die Sonne zum »Roten Riesen« anschwellen und jedes noch verbliebene Leben auf der Erde vernichten (s. »Vom Ende der Welt«).

Andererseits hat die Evolution des Lebens bis hin zum Menschen knapp vier Milliarden Jahre in Anspruch genommen, also etwa bis auf den Faktor Zwei die gesamte Lebensspanne der Sonne ausgenützt. Somit haben wir die bemerkenswerte Koinzidenz zwischen dem irdischen Leben und unserem Fixstern: *Die Zeit, die dem Leben auf der Erde insgesamt zur Verfügung steht, ist innerhalb einer Größenordnung gleich der Zeitspanne, die das Leben auf der Erde brauchte, um Intelligenz hervorzubringen.* »Ich halte diese Tatsache für äußerst bedeutsam«, kommentiert Carter, »und ich glaube, daß sie zusammen mit dem anthropischen Prinzip dazu benutzt werden kann, gewisse Modelle der biologischen Evolution zu bevorzugen. Insbesonders spricht sie gegen die populäre Theorie vieler Science-fiction-Autoren, daß hochentwikkeltes Leben im Universum häufig ist.«

Zufallsereignisse, so die Annahme, steuern den Evolutionsverlauf mit, wenn sie als besonders unwahrscheinlich angesehen werden, als sogenannte Nadelöhrereignisse. Versucht man nun, die Entstehung einer Zivilisation in einer gegebenen Ökosphäre auf der Basis eines simplen statistischen Modells abzuschätzen, dann bieten sich zur Erklärung der obigen Koinzidenz zwei Alternativen an:

Alternative I: Die im Mittel zu erwartende Zeitspanne, in der durch einen Evolutionsprozeß Intelligenz entsteht, ist kurz, verglichen mit der astronomisch verfügbaren Zeit (von, im Fall der Sonne, zehn Milliarden Jahren). Oder

Alternative II: Diese Zeitspanne ist sehr viel länger als die astronomisch verfügbare Zeit.

Wenn die erste Alternative zuträfe, dann sollte es fast so viele Zivilisationen im All geben wie Ökosphären vorhanden sind; allerdings wäre dann nur schwer verständlich, warum das Leben auf der Erde, bezogen auf die solare Lebensdauer, so langsam und so spät entstand. Falls dagegen die zweite Alternative korrekt wäre, dann würde sich selbst in den günstigsten Ökosphären kaum Intelligenz entwickeln, die zugehörigen Fixsterne verglühten zu früh. Wenn überhaupt, könnte Intelligenz nur sehr spät in der zur Verfügung stehenden Zeitspanne entstehen. Wendet man nun das anthropische Prinzip als Selektionsprinzip an, dann bildet die Erde eine solche seltene Ausnahme.

Obwohl diese Argumentation nicht wirklich zwingend ist, so ist doch die Alternative II aus dem simplen Grund eindeutig vorzuziehen, weil sie besser mit den Beobachtungen – der bisher vergeblichen Suche nach außerirdischer Intelligenz – übereinstimmt. Wenn nun aber, so läßt sich der Faden weiterspinnen, sehr *viele* Nadelöhrereignisse in der Evolutionsgeschichte eine Rolle spielten, dann verschöbe sich die mittlere Entwicklungszeit einer Intelligenz in Richtung auf den spätestmöglichen Zeitpunkt. Dann wäre es aber höchst verwunderlich, warum die irdische Intelligenz *schon jetzt*, zur Sonnenhalbzeit, und nicht erst kurz vor ihrem Roten-Riesen-Stadium entstand. Carter zieht aus diesem Dilemma folgenden Schluß: »Dies legt nahe, daß nur ein oder zwei wesentliche Schritte des evolutionären Prozesses in der gegebenen Zeitspanne wirklich sehr unwahrscheinliche Nadelöhrereignisse waren.« Denn nur dann, so ist hinzuzufügen, ist die mittlere Evolutionszeit kein besonders ausgeprägter und deutlich bevorzugter Wert für die Vielzahl von Planeten mit einer Ökosphäre. Nur dann läßt die Verteilung bei sehr vielen Evolutionen im All »Ausrutscher« zu kurzen Evolutionszeiten hin zu. »Noch konkreter läßt sich vorhersagen, daß alle Versuche, Spuren von außerirdischem Leben zu entdecken, fehlschlagen werden.«

An dieser Stelle soll zwischen zwei Varianten unterschieden werden:

Das schwache anthropische Prinzip (Dicke 1961): Das Universum muß konsistent sein mit der Tatsache, daß es in ihm Beobachter gibt (und deren Position notwendigerweise privilegiert ist).

Das starke anthropische Prinzip (Carter 1973): Die fundamentalen Parameter der Natur und des Universums (die beim schwachen Prinzip unberührt gelassen werden) sind im Wesentlichen festgelegt durch die Existenz von Beobachtern.

Im extremsten Fall, wenn die Festlegung eindeutig wäre und das »im Wesentlichen« fortfallen könnte, ließe sich das starke anthropische Prinzip so fassen: Das Universum ist so wie es ist, weil es sonst keine Beobachter hervorbringen könnte. An Hand des schwachen anthropischen Prinzips läßt sich zeigen, wie der Mensch und das Leben auf der Erde als eine Art Meßgerät für die Eigenschaften des Kosmos benutzt und Vorhersagen gemacht werden können.

So darf etwa uns das Alter des Universums – zehn-hoch-vierzig Atomzeiten und Maß für unsere speziellen Positionen in der Zeit – nicht überraschen: Weder vorher noch wesentlich nachher könnte eine Lebensform unseres Typs mangels Anwesenheit überhaupt feststellen, wie alt die Welt ist. Denn unsere heutige Existenz setzt eben eine Vorgeschichte voraus, die wenigstens zehn Milliarden Jahre in Anspruch nahm: Zuerst mußten leichte Elemente im Urknall entstehen, danach in Sternen zu schwereren Elementen verkocht, und durch Sternexplosionen wieder in das All geschleudert werden; daran schloß sich eine chemische und biologische Evolutionsgeschichte von einigen Milliarden Jahren Dauer an. Wir sehen also den Kosmos in seinem jetzigen Zustand und einem Alter von 15 bis 20 Milliarden Jahren, weil wir zu anderer Zeit gar nicht existieren könnten. Somit ist das Alter des Universums eine Vorhersage des schwachen anthropischen Prinzips.

In enger Beziehung zum Alter des Kosmos steht seine Expansionsgeschwindigkeit. Im Urknall durfte sich der Kosmos nur mit ganz bestimmter Geschwindigkeit ausdehnen, nur dann entstand nämlich die rechte Mischung aus kosmischem Wasserstoff (73%) und Helium (27%). Bei einer zu raschen kosmischen Expansionsgeschwindigkeit hätte sich aller Wasserstoff in Helium verwandelt – es wäre dann etwa kein Wasserstoff mehr vorhanden, um später zusammen mit Sauerstoff Wasser zu bilden, die wohl wichtigste »Hintergrundflüssigkeit« des irdischen Lebens. Außerdem hätte eine zu schnelle Expansion die Folge, daß keine Galaxien entstünden – eine ebenso wichtige Voraussetzung für Sternentstehung und das Leben. Dagegen wäre bei einer langsameren Expansion der Kosmos zu rasch wieder kollabiert, um Leben entstehen zu lassen. Die Präzision, mit der die Balance zwischen Eigenschwerkraft der kosmischen Materie und ihrer Expansionsgeschwindigkeit erfüllt sein müßte, ist außerordentlich. (s. »Inflation im Kosmos«).

Für das *starke* anthropische Prinzip spielen dagegen die Beziehungen unter den Fundamentalkonstanten eine zentrale Rolle.

Sterne erbrüten in ihrem Inneren die Elemente, aus denen später das Leben gemacht wird. Deshalb müssen die Sterne ihren Materieschatz durch eine Explosion wieder an die kosmische Materie abgeben. Der Absprengmechanismus eines Sterns funktioniert aber nur, wenn die Schwerkraft der abzusprengenden Sternhülle und die Sprengkraft der im Sterninneren erzeugten Neutrinos, gegeben durch die schwache Kernkraft, in einer bestimmten Beziehung zueinander stehen. Jede Abweichung von dieser Beziehung hätte die Entstehung des Lebens verhindert.

Die starke Wechselwirkung schmiedet die Neutronen und Protonen in Form von Atomkernen aneinander und überwindet dabei die elektrische Abstoßungskraft der Protonen untereinander. Verändert man das Verhältnis dieser zwei Fundamentalkräfte zueinander, so würde das auch die Welt radikal verändern. Entweder könnten keine Kernteilchen mehr zusammenhalten – dann gäbe es nur den Wasserstoff als einziges Element; oder es gäbe Atomkerne mit einem Atomgewicht weit über die bekannten Elemente hinaus – eine Radioaktivität in der uns bekannten Form gäbe es nicht, deren Reaktionswärme auch die Lebensentstehung auf der jungen Erde beeinflußt hat.

Das starke anthropische Prinzip wirft auch ein Licht auf die Frage, ob denn wirklich vier Naturkräfte für die Entstehung des Lebens notwendig waren. Man könnte versucht sein, ein alternatives Universum zu entwerfen, das auf einfachere Weise ebenfalls intelligente Beobachter hervorbringt, in dem die gleichen Ziele im Rahmen eines Universums erreicht werden, das mit weniger »Zutaten« auskommt. Die einfachste Idee wäre sicherlich, auf einige der Kräfte und Teilchen zu verzichten. Stellen wir uns vor, wir behielten nur die Gravitation und die Neutronen. Ein Atom, in dem zwei Neutronen nur durch Schwerkraft aneinander gebunden wären, hätte die Ausdehnung von rund einer Million Lichtjahren. Dem ließe sich noch abhelfen durch eine stärkere Schwerkraft. Wäre sie zehn-hoch-vierzig-mal stärker, und damit vergleichbar zur elektromagnetischen Kraft, dann wären Atome aus zwei Neutronen ebenso groß wie normale Atome. Das hätte aber eine andere, drastische Konsequenz. Sterne würden sofort instabil werden, kollabieren und sich durch derart vehemente Schwerkräfte augenblicklich in ein sogenanntes Schwarzes Loch verwandeln. Selbst kleine Materiestücke würden das Schicksal des Gravitationskollapses erleiden. Es gäbe in einem solchen Kosmos keine Materie in der uns bekannten Form.

Das Zusammenspiel von genau vier Kräften scheint, so zeigt das starke anthropische Prinzip, schon eine recht sparsame Weise gewesen zu sein, um Evolution durch Vielfalt und Selektion in Gang zu halten. Sowohl die naturgesetzliche Struktur des Kosmos als auch ein besonderer Evolutionsverlauf wirkten innerhalb des Netzwerkes relativer Kräfteverhältnisse in fast einmaliger Weise zusammen, um eine intelligente Zivilisation hervorzubringen.

Vielen mag das schwache anthropische Prinzip, das Carter heute lieber ein »Prinzip der Selbstselektion« nennen möchte, trotzdem reichlich trivial vorkommen. Natürlich sind wir da, so sagen sie, weil uns die Natur hervorgebracht hat; und deshalb kann die Natur, der Kosmos, in keinem Widerspruch zu unserer Existenz stehen. »Genau *weil* es trival ist«, kommentiert Carter, »muß man es ernstnehmen. Wenn man es vergißt, kann man Fehler machen; wenn man es berücksichtigt, lassen sich Vorhersagen treffen. Wegen vieler Vorurteile ignoriert man es leicht. Auch Darwins Prinzip der natürlichen Selbstselektion ist in diesem Sinn fast ebenso trival. Trotzdem mußte es erst gegen viele psychologische Widerstände durchgesetzt werden.«

Etwas anders sieht es mit der starken Fassung des Prinzips aus. Kritiker wenden ein, es sei tautologisch: Die Welt sei so, wie sie ist, weil sie so ist wie sie ist. In der Tat greift diese Hypothese viel tiefer in die Struktur der Welt ein und ist deswegen auch umstrittener als die schwache Fassung. Zunächst behauptet es, daß die naturgesetzlichen Eigenschaften des Universums, seine Fundamentalparameter und Kopplungskonstanten, selbst eingeschränkt sein müssen, um mit unserer Lebensform verträglich zu sein. (Diese Logik könnte übrigens auch von jeder anderen Intelligenz im Kosmos angewandt werden; sie ist nur »anthropisch«, so lange wir es tun; sie ist aber keineswegs anthropomorph!) »Natürlich hat das Prinzip nur einen Wert, wenn diese Einschränkungen genügend stark sind«, sagt Carter. »Es eignet sich jedoch kaum für Vorhersagen. Wenn es aber zutrifft, wie durch die Feinabstimmung der Fundamentalparameter nahegelegt wird, dann dient dieses Prinzip wenigstens der Klärung und Koordinierung. Denn schließlich hat die Naturwissenschaft nicht nur ihren Wert in der Vorhersage von Dingen, über die man noch nichts weiß. Sie hat auch – und hier ist die Biologie ein besonderes Beispiel – ihren Zweck darin, Ordnung in die Vielfalt der Tatsachen zu bringen, die man schon kennt.«

Das vorläufige Ergebnis dieser noch unvollständigen Betrachtungen: Alle denkbaren anderen Universen wären unbelebt. Unter der Lupe des anthropischen Prinzips scheint die Welt so zu sein, wie sie ist, weil eine, zur Erkenntnis fähige Intelligenz bei jeder (wesentlich) anderen Konstellation der Naturgesetze gar nicht da wäre, weil ein anderer Kosmos uns (oder eine vergleichbar intelligente Lebensform) gar nicht hervorgebracht hätte.

Das erklärt noch nicht, *warum* die Welt (im Wesentlichen) so ist, wie sie ist. An Stelle jeder Koinzidenz sollte schließlich ein mathematisch-physikalisches Argument stehen. Für einige koinzidente Beziehungen deuten sich solche Erklärungen an (s. »Inflation im Kosmos« und »Tohuwabohu im Innern der Materie«). Bis dahin ist es sinnvoll, die Grenzen zu erfahren, die den Fundamentalkonstanten mit dem starken anthropischen Prinzip gesetzt werden können.

Auch lernen wir daraus nichts über den »Sinn des Daseins« im evolutionären Netzwerk aller Kräfte, dem wir unsere Existenz verdanken. Gerade an dieser Stelle begegnet man häufig einem weiteren Mißverständnis des anthropischen Prinzips, dem allerdings so bekannte Physiker wie Freeman J. Dyson Vorschub geleistet haben. In seiner Autobiografie »Disturbing the Universe« (dt. »Innenansichten«) schrieb er: »Wenn wir ins Universum hinausblicken und erkennen, wie viele Zufälle zu unserem Wohle zusammengearbeitet haben, dann scheint es fast, als habe das Universum in gewissem Sinn gewußt, daß wir kommen.« Solche Formulierungen legen die Vorstellung eines wie auch immer gearteten Weltgeistes im Sinne des Animismus nahe; wo Zweckmäßiges erkennbar wird, muß auch ein zwecksetzendes Wesen wirksam sein. Sie suggeriert eine übergeordnet gesteuerte, zielorientierte Interpretation des Weltgeschehens: der Mensch als das Ergebnis eines Plans.

Es wird dabei, Teilhard de Chardin folgend, Schöpfung zwar mit Evolution gleichgesetzt, jedoch die Entwicklung von der unbelebten zur belebten Natur als vorausbestimmt angesehen. Schon die koinzidenten Feinabstimmungen unter den Naturkonstanten werden als Äußerungen eines ordnenden Wesens interpretiert, nach dem Bilde, daß etwas oder jemand die »Würfel« nicht geworfen, sondern absichtsvoll und planbewußt »hingelegt« haben muß. Dieser Standpunkt stützt sich nicht mehr auf das anthropische Prinzip, sondern auf einen, naturwissenschaftlich nicht bestreitbaren, Glaubensakt. (Er sei jedem selbstverständlich unbenommen.) Denn es gibt, wie oben erwähnt, keine Würfelstatistik verschiedener »Universen«, und somit ist auch die Aussage sinnlos, »dieser unser« Kosmos hätte eine mehr oder weniger »unwahrscheinliche« Struktur.

Jeder angenommenen Geplantheit widerspricht auch die Unbestimmtheit, die Unvorhersagbarkeit und der Zufallscharakter des Evolutionsverlaufs. Wird eine Mischung zwischen »Zufall und Notwendigkeit« zugestanden, so läßt sich nur durch Wissenschaft und nicht durch Beschluß herausfinden, welche Aspekte notwendig oder zufällig sind – etwa derart, der Evolutionspfad sei zufällig, der Mensch als Ziel aber vorgegeben. Nach Manfred Eigen ist das Lebensgeschehen »ein Spiel, in dem nichts festliegt außer den Spielregeln«. Bei stets offenem, unbestimmtem Ausgang stehen nur die Typen und Mechanismen der die Veränderungen auslösenden Prozesse fest. Beispiele sind die Mechanismen der Thermodynamik dissipativer Systeme, der Brownschen Molekularbewegung oder der Quantenmechanik. Evolution ist, wie Konrad Lorenz in seinem Buch »Der Abbau des Menschlichen« (1983) ausführt, »grundsätzlich nicht zweckgerichtet«. Denn »die Evolution« kann »von jedwedem erreichten Entwicklungsstadium aus in beliebiger Richtung weitergehen, blindlings jedem neu auftauchenden Selektionsdruck folgend.« Der Selektionsdruck kann sich ständig verändern, etwa durch Klimaschwankungen oder Katastrophen, durch Vulkanausbrüche oder den Einschlag großer Meteore, also letztlich durch Zufallsprozesse, die sogar in die Frühgeschichte des Sonnensystems zurückreichen können.

Der Evolution eine Zweckrichtung und damit ihrem Ergebnis Sinn und Plan zu unterstellen, ist verführerisch und liegt in der Eigenschaft irreversibler Prozesse, in einen meist komplexeren Zustand überzuwechseln und gleichzeitig den vorherigen Zustand unwiederbringlich zu »vergessen« (s. »Die Pfeile der Zeit«). Daß ein Übergang nicht immer die Komplexität erhöht, zeigt das Phänomen der abbauenden Evolution, etwa als Folge der Domestikation von Tieren. Entscheidend aber ist, daß irreversible Zustandsveränderungen eine Zufallserscheinung (»Fluktuation«) gewissermaßen einfrieren und lawinenartig global im System durchsetzen. In der Regel ist der Übergang deswegen – außer in simplen chemischen Oszillatoren – nicht vorhersagbar. Die in die Zukunft offene Kette solcher Systemveränderungen erzeugt einen für jedes System in der Regel einmaligen, »historischen« Verlauf. Eine Wiederholung einer Entwicklung würde, auch bei gleichen Randbedingungen, in der Regel zu einem anderen Verlauf führen. »Der Versuch, Sinn und Richtung in das evolutionäre Geschehen hineinzuinterpretieren ist genau so verfehlt wie die Bestrebungen ..., aus geschichtlichen Ereignissen Gesetzlichkeiten zu abstrahieren, die es erlauben, den weiteren Verlauf der Geschichte vorherzusagen, etwa in dem Sinn, wie die Kenntnis gewisser Gesetze der Physik eine Voraussage physikalischer Geschehnisse ermöglicht.« Ganz im Sinne Chardins, doch ohne Prädetermination, ist die Evolution als »Schöpfer« »nicht der Schauspieler, der Worte spricht, die ein großer Dichter niedergeschrieben hat; es ist der Dichter selbst, der hier« – aus dem Stegreif – »spricht«. (Lorenz)

Der Mensch, geschaffen durch Evolution – kann er nicht Ziel eines Plans sein? Wenn »dahinter« ein Plan steht, dann enthält er die Gesetze der Evolution – und damit auch die Ziellosigkeit, die ein wesentliches Element der Evolution darstellt. Wenn es einen Plan gibt oder gab, dann hat er jedenfalls kein Ziel – auch nicht den Menschen. Evolution hat zwar kein Ziel, aber stets ein Ergebnis. In jedem Zeitpunkt liefert das langsame Herantasten, Ausprobieren und sich Anpassen, das Mutation und Selektion bedeutet, ein Zwischenprodukt. Auch die Menschheit ist so ein (Zwischen-)Ergebnis. Nicht jedem Wissenschaftler gefällt eine Argumentation mit dem anthropischen Prinzip. Noch ist der Denkansatz keineswegs ausgeschöpft. Viele Fragen, auf die zum Teil der Kapstädter Physiker George R.

F. Ellis hinwies, bleiben offen. Das anthropische Prinzip ist leider oft ein grobes Instrument, wenn es nur zwischen Größenordnungen differenziert. Auch scheint das Wesen der Intelligenz und des Bewußtseins als eine besondere Manifestation in der belebten Natur noch nicht erfaßt. Zwar ist der Mensch ohne die chemischen Elemente, die wir auf der Erde vorfinden, kaum denkbar. Die gleiche Zusammensetzung enthält aber etwa auch jede Spinatpflanze. Was sind die notwendigen Bedingungen an die Fundamentalstruktur eines Universums, das nicht nur Spinat, sondern auch Intelligenz hervorbringen soll?

Erlaubt unsere Welt auch noch gänzlich andere, intelligente Lebensformen oder »bevorzugt« sie unsere Lebensform, gebaut auf der Grundlage der Chemie des Kohlenstoffs und mit der DNS als Erbsubstanz? Ist unser Kosmos der einfachste aller denkbaren, in denen es intelligentes Leben geben kann?

Schließlich muß wohl unbeantwortet bleiben, ob wir überhaupt alle Naturgesetze erkennen können, oder ob wir dadurch in unserer Erkenntnis behindert und beschränkt sind, daß das Gehirn als das erkennende Organ selbst diesen Gesetzen unterworfen ist und Teil des betrachteten Kosmos ist; ob es so etwas wie einen vollständigen Satz an Naturgesetzen gibt oder unendlich viele, oder ob Naturgesetze walten, die prinzipiell nicht aus der Physik ableitbar sind? Die Diskussion über das anthropische Prinzip bleibt in Gang.

9. Supercomputer auf dem Weg zur künstlichen Intelligenz

Wetter, Kernfusion Düsenstrahlen und Galaxien

Zwei ungarische Adelige treffen sich zum morgendlichen Ausritt. Um sich die Zeit zu Pferde intellektuell zu verkürzen, schlägt der eine ein Spiel vor: Wer kann die größte Zahl nennen? »Prima«, sagt der andere, »du fängst an.« Nach einigen Minuten scharfen Nachdenkens verkündet der erste: »Drei!« Nun ist der zweite Adelige an der Reihe. Er überlegt angestrengt. Nach einer Viertelstunde resigniert er: »Du hast gewonnen.«

Das Rechnen mit Zahlen, jeder wird es zugeben, ist schmerzhaft, und die Vorstellungskraft setzt bei größeren Zahlen rasch aus. Unser Begriff von der Welt der Zahlen hat sich – Motto: Eins, Zwei, Drei ... Viele! – nicht sehr viel weiter entwickelt. Im Jahre 1983 fragte ein Meinungsforschungsinstitut anläßlich des von Franz Josef Strauß »eingefädelten« Milliardenkredits für die DDR die Leute danach, was sie sich denn unter einer »Milliarde« genau vorstellten. Das Ergebnis überrascht nicht: Die meisten tippten daneben!

Trotzdem haben wir das Zählen und Rechnen gelernt – in schwindelerregendem Ausmaß.

Seit mehr als zwei Jahren steht im Max-Planck-Institut für Plasmaphysik (IPP) in Garching bei München ein Exemplar der Cray-1 der amerikanischen Firma Cray Research Inc., des derzeit für viele Anwendungen schnellsten Computers der Welt, von dem seit 1976 etwa vierzig Geräte gebaut wurden. Seine maximale Leistung beträgt 240 Millionen Instruktionen pro Sekunde. Dieser Wert läßt sich allerdings in der Praxis nicht ausschöpfen. Eine weitere Verdoppelung oder Verdreifachung der möglichen Instruktionen verspricht der neue Prototyp X-MP, der fünfmal schneller ist als die Cray-1, und von denen einer seit Anfang 1984 in Jülich im Einsatz ist. In ihm sind praktisch zwei Rechner vom Typ Cray-1 vereinigt. Die Z4 des Computer-Pioniers Konrad Zuse, einer der ersten programmierbaren Rechner, hätte für die mit der neuen Cray in einer Sekunde zu bewältigenden Rechnungen etwa elf Jahre benötigt.

Mit den Supercomputern lassen sich neuerdings Aufgaben angehen, deren Lösung bislang entweder – wie bei vielen Fragen der Aerodynamik – nur in Simulationskammern möglich war oder Rechnungen erforderte, die mit den früheren Computern zu lange gedauert hätten. Zu den besonders rechenintensiven Programmen gehören unter anderem die der numerischen Wettervorhersage. Inzwischen liegen in den Münchner Max-Planck-Instituten mit der Cray-1 gewonnene Ergebnisse vor.

Heutige Supercomputer der 4. Generation übertreffen den Menschen in der Rechengeschwindigkeit um neun Größenordnungen. Ein treffliches Beispiel für den damit betreibbaren spielerischen Zahlenfetischismus ist die unaufhaltsame Suche nach immer größeren Primzahlen – den Zahlen, die nur durch Eins und sich selbst teilbar sind. Die einfachsten Primzahlen sind 2, 3, 5, 7, 11, 13, 17, 19. Um 1772 hatte die größte bekannte Primzahl gerade zehn

Stellen. Es war die, von dem Mathematiker Leonhard Euler berechnete Zahl 2 147 483 647.

Euklid hatte zwar schon um 300 v. Chr. in wenigen Zeilen bewiesen, daß es unendlich viele Primzahlen gibt, und bis zum Jahr 1920 konnten Mathematiker mit Kopf und Hand immerhin Primzahlen mit 39 Stellen finden. Aber wirklich *große* Primzahlen lassen sich erst mit Hilfe der elektronischen Denksklaven ausrechnen. Im September 1983 war es wieder einmal so weit. Nach 65minütiger mikroelektronischer Maloche spuckte ein Supercomputer in Chippewa Falls im amerikanischen Bundesstaat Wisconsin eine Zahl mit 39 751 Stellen aus: zwei hoch 132 049 minus Eins – eine Primzahl.

Damit war der seit dem August 1979 zuletzt gültige Primzahlenweltrekord gebrochen, den eine Zahl mit »nur« 13 395 Stellen hielt. Die neue Rekordprimzahl würde in voller Länge bei dieser Schriftgröße ca. 60 Meter messen. Sie konnte allerdings überhaupt nur gefunden werden, weil sie eine sehr spezielle Primzahl ist. Um von einer *beliebigen* Zahl mit nur 1000 Stellen festzustellen, ob sie »prim« ist, müßte der gleiche Computer schon eine ganze Woche lang schwitzen. Für eine Zahl mit 39 751 *beliebigen* Ziffern würde ihm nicht einmal das Alter des Universums ausreichen.

Die Jagd nach Zahlenmonstern dient freilich mehr als nur der Neugierde rekordsüchtiger Mathematiker. Primzahlen erweisen sich in der Kryptographie – der Lehre von der verschlüsselten Nachricht – zunehmend als nützlich. So überraschten 1977 Adi Shamir vom Weizmann Institut (Israel) und Ronald L. Rivert (MIT, Massachusetts Institute of Technology) die Fachwelt mit dem Hinweis, daß ein Verschlüsselungscode sogar öffentlich bekanntgegeben werden kann, wenn er auf Produkten großer, mehr als hundertstelliger Primzahlen basiert. Der Grund: Das Multiplizieren solcher Zahlen dauert nur Millisekunden, eine Zerlegung aber Monate oder gar Jahre. Ein solcher Code läßt sich praktisch nicht knacken – und das macht ihn wirtschaftlich interessant: Allein in der Bundesrepublik wird der Schaden durch Computerkriminalität auf jährlich 15 Milliarden Mark geschätzt.

Computer, so verdient aber auch im Zeitalter der kommenden »5. Generation« festgehalten zu werden, sind Werkzeuge zur Bewältigung vieler und komplizierter Berechnungen. Die Auswirkungen der Computer und der gesamten elektronischen Revolution umgeben uns auf Schritt und Tritt. Mikrochips steuern Autofunktionen und Herzschrittmacher; und Mikroapparate aus Elektronik sollen demnächst Blinde sehend, Taube hörend und Lahme gehend machen. Auch gestörte Sinnes- und Muskelfunktionen des menschlichen Körpers sollen auf diese Weise »reparierbar« werden.

Parallel zu diesem Vordringen der automatisierten Mikrotechnik in den gesellschaftlichen Alltag läuft eine zweite Entwicklung: Die Entwicklung der »Künstlichen Intelligenz«. Darunter ist mehr zu verstehen als lediglich wachsende Rechengeschwindigkeiten und steigende Rechenkapazitäten, wie sie für Primzahlenrekorde gebraucht werden. Unter Künstlicher Intelligenz kann man heute Computerprogramme verstehen, die komplizierte Systeme modellieren und damit dem Menschen Antworten auf Fragen geben, die mit anderen Mitteln kaum mehr erzielt werden können. Ein alltägliches Beispiel bieten Spielprogramme wie Schach, Backgammon oder Go. Beim Schach scheint es nur noch eine Frage von höchstens einem Jahrzehnt zu sein, bis der Schachweltmeister unter Wettkampfbedingungen von einem Schachcomputer entthront wird.

Gerade die Schachprogramme haben längst die alte Standardbehauptung widerlegt, daß der Computer nur so »intelligent« wie seine Programmierung sei. Schachprogrammierer werden heute allemal von ihren eigenen Programmen schachmatt gesetzt. Mit der jetzt erreichten Rechenleistung kristalliert sich offenbar eine – in Computer-programmen angelegte – neue Qualitätsstufe der Künstlichen Intelligenz heraus. Sie könnte ihrem Schöpfer ohne weiteres überlegen sein.

Einige andere Anwendungsbereiche leistungsfähiger Rechner eröffneten sich erst in den letzten Jahren: etwa im Flugzeugbau, aber auch in der Filmindustrie. In den Filmen »E. T. – Der Außerirdische« und »TRON« etwa wurden wichtige Szenen nicht wie üblich mit gezeichneten Trickfilmen realisiert, sondern mit Sequenzen, die Bild für Bild von Computern berechnet wurden. In der Filmtechnik ist es bereits möglich, Computertrickfilme mit einer Präzision und einem Wirklichkeitseindruck herzustellen, die von herkömmlichen Realfilmszenen nicht mehr zu unterscheiden sind.

Was hier noch wie eine teure Spielerei anmutet, sieht in der modernen Wissenschaft schon anders aus. Sie bietet bereits eine Fülle von Beispielen für Entwicklungen, die ohne Computer nicht mehr denkbar wären: »Expertensysteme« genannte Programme, etwa zur Mineralsuche oder in der medizinischen Diagnostik; bei der Bildauswertung und Mustererkennung im Militärwesen, in der Medizin und der Astronomie; bei der Simulation von Sternexplosionen; für Erdölexplorationen, für Erdbebenanalyse und -vorhersage. Stellvertretend seien vier Themen herausgegriffen: Wettervorhersage, Kontrollierte Kernfusion, galaktische Düsenstrahlen und Galaxienkollisionen.

Beispiel Wettervorhersage

Was die Sonne in fünf Milliarden Jahren tun wird, ist einfacher vorherzusagen als das Wetter in fünf Tagen. Denn das Wetter ist auch für Forscher wendisch. Physikalisch gesprochen beruht jedes meteorologische Vorhersagemodell auf den Bewegungsgleichungen von Gasen, die auch die

Einflüsse aus dem Weltraum und von der Erde berücksichtigen: Sonnenschein, Verdunstung, Regen, Gebirge, Kontinente und Meere. Winde, Wärme und Wolken sind ein weltumspannendes Problem in drei Raumdimensionen, das durch die vierte, die zeitliche Dimension entscheidend verschärft wird.

Vor wenigen Jahren hinkten mittelfristige Wettervorhersagen noch hinter dem Wetter selbst her. Es dauerte eben länger als 5 Tage, um das Wetter in 5 Tagen zu berechnen. Die Bestückung des von 27 Staaten betriebenen Europäischen Zentrums für mittelfristige Wettervorhersage (EZMW) in Reading/England mit der neuesten Garde von Superrechnern soll es ermöglichen, in Kürze Sechstage-Vorhersagen vorzulegen, die in ihrer Qualität den bisherigen Vorhersagen für 2 bis 3 Tage vergleichbar werden. Herzstück der Anlage ist ebenfalls eine Cray-1, ab 1984 auch eine Cray X-MP.

Allerdings kann auch der schnellste »Zahlenfresser« das Wetter nur dann richtig prophezeien, wenn er vorher mit genügend Daten gespeist wird. Das geschieht mit Hilfe von neuntausend Wetterstationen, die über den Globus verteilt mehrmals täglich den örtlichen Wetterzustand vermessen. Hinzu kommen 750 Stationen, die zusätzlich mit Wetterballons auch die vertikale Struktur der Atmosphäre registrieren; außerdem fünf strategisch verteilte Wetterschiffe und einige Wettersatelliten.

Im Rechenzentrum der EZMW werden die vom globalen Telekommunikationsnetz der Weltorganisation für Meteorologie übertragenen Daten in ein »Raumgitter« umgewandelt. Dafür wird die gesamte Erdoberfläche gleichmäßig im 200-km-Abstand mathematisch mit Punkten überdeckt. Über jedem Bodenpunkt umspannen 15 weitere Schichten den Globus. Die Umwandlung aller augenblicklichen Wetterwerte in den Raumgitterpunkten in eine Zehntage-Vorhersage nimmt dann noch etwa 500 Milliarden Rechenschritte in Anspruch – ein deutlicher Grund,

warum eine mittelfristige Wettervorhersage ohne Supercomputer hoffnungslos hinter dem wirklichen Wetter her-
läuft.

Beispiel kontrollierte Kernfusion

Seit 1960 werden am Max-Planck-Institut für Plasmaphysik (IPP) in Garching bei München Forschungen auf dem
Gebiet der Energieerzeugung durch kontrollierte Kernfusion betrieben. Erst 1983 ging in England der europäische
Fusionsapparat JET in Betrieb, der erstmals in den sogenannten Zündbereich für die thermonukleare Verschmelzung eines heißen Wasserstoffgases vorstoßen soll.

In diesem »Plasma« genannten Gas kann die Fusion von
Wasserstoffatomen erst ab 100 Millionen Grad einen Ener-
gieüberschuß abliefern. Wegen der Höllenhitze wird das
Plasma im Innern eines ringförmigen Vakuumgefäßes mit
einem »Magnetfeldkäfig« von jeder Berührung mit Materie ferngehalten. Starke Magnetfelder, gespeist von elektrischen Strömen im Millionen-Ampere-Bereich halten
den Plasmabrennstoff im Gleichgewicht.

Das hört sich im Prinzip recht einfach an. Doch ohne
Groß- und Supercomputer könnten in der Fusionsforschung die Apparate der nächsten Generation gar nicht
mehr schnell und exakt genug entworfen und konstruiert
werden. Die ausgetüftelte Computerrechnung spart dabei
vor allem Geld. Mit ihr wird die Wirklichkeit eines zukünftigen Experimentes als »numerisches Experiment«
zumindest schon so weit vorweggenommen, daß unter
vielen Möglichkeiten alle »nicht optimalen« Varianten
bereits durch die Rechnung ausgeschieden werden können, ohne sie kostenreich bauen zu müssen.

Ein aktuelles Beispiel dafür ist das im IPP geplante Fu-
sionsexperiment »Wendelstein VII-AS« vom Typ der sogenannten *Advanced Stellarators* (AS). »Es ist das erste Mal

in der Geschichte der Fusionsforschung«, sagt Arnulf Schlüter, theoretischer Physiker und Direktor am IPP, »daß man beim Wendelstein VII-AS aufgrund des vorhandenen Wissens eine Vielzahl denkbarer Magnetfeldanordnungen vorausberechnet und sich die theoretisch günstigste herausgesucht hat. Allein diese bescheidene Aufgabe erforderte Rechnungen in einem kaum gekannten Umfang – mehr als eine Million verschiedener sog. magnetischer Flächen mußte analysiert werden.«

Auch das Plasma ist wetterwendisch und kapriziös. Es versucht oft, in Sekundenbruchteilen aus seinem Käfig auszubrechen. Deshalb reicht der Computerappetit der Fusionsphysiker sogar noch über den der CRAY-1-Rechner hinaus.

»Was man da rechnen muß«, erläutert Schlüter, »sind geeignete Formen des Magnetfeldkäfigs, welche die Plasmen dauernd, also ohne ›Instabilitäten‹, einschließen.« Das Verfahren gleicht dem zur Wettervorhersage: Mit Raumgittern unterschiedlicher Feinheit überdeckt der Rechner das Innere des Vakuumgefäßes. »Berechnet man dann das Plasmaverhalten unter kleinen Störungen, so benötigen auch die schnellsten Supercomputer viele Stunden. Sie werden bis zur Grenze ihrer Leistungsfähigkeit ausgelastet.«

Die lange Rechenzeit ergibt sich vor allem durch die Feinheit der Maschen, mit denen der dreidimensionale Raum durch Gitterpunkte angenähert werden muß. Für das genannte Beispiel arbeitet die Cray-1 bei einem Raumgitter von fast 4000 Punkten bis zu fünf Stunden pro Lauf. Eine Halbierung der Punktabstände erforderte bereits eine 32fache Rechenzeit, also rund 160 Stunden.

Nicht nur bei der Konzeption neuen Fusionsgeräts, auch bei Versuchen geht es nicht ohne elektronische Zahlenfresser. »Der Computer ist integriert in die Rohverarbeitung der Daten«, erklärt Schlüter weiter. »Man braucht ihn zur Vorhersage der Plasmaeigenschaften in unmittelbar folgenden Experimenten. Ohne solche Computer wäre der Fortschritt auf dem Weg zu einem Fusionsreaktor erheblich langsamer und wesentlich kostspieliger.«

Beispiel galaktische Düsenstrahlen

Mit der Cray-1 gelang einer Gruppe von Wissenschaftlern am Max-Planck-Institut für Astrophysik die numerische Simulation einer Überschallströmung galaktischen Ausmaßes. (In heißen, »dünnen« Gasen kann die Schallgeschwindigkeit bis zu 58 Prozent der Lichtgeschwindigkeit betragen.) Damit ließen sich vorher nur vermutete physikalische Mechanismen bestätigen. Es gibt am Himmel eine Reihe von Radio-Doppelquellen, Objekte, die wie zwei zueinander symmetrische Blasen oder wie Zwillingsstrahlen von einer zentralen Galaxie zu stammen scheinen. Die Strahlen oder Blasen stoßen, so sieht es aus, mit annähernd Lichtgeschwindigkeit schneepflugartig in das intergalaktische Medium vor, oft über Entfernungen von Millionen von Lichtjahren. Das größte Objekt dieser Art, 3C 236, hat eine Ausdehnung von 19 Millionen Lichtjahren. Dies entspricht dem 190fachen Durchmesser der Milchstraße oder dem neunfachen Abstand der Milchstraße zu unserer Nachbargalaxie, dem Andromedanebel.

Durch angemessene physikalische Vereinfachungen kamen die Astrophysiker nach etwa siebenjähriger Arbeit zum Ziel. Wegen der durchweg geradlinigen Ausbreitung der Zwillingsstrahlen genügte es rechnerisch, nur zwei Raumdimensionen und nur die Hälfte eines der beiden Strahlen (von der Mitte bis zum Rand) zu berücksichtigen. Das in mehr als 14 000 Gitterpunkte unterteilte Feld wurde für etwa 10 000 Zeitschritte über die etwa 200 Millionen Jahre des tatsächlichen Vorgangs verfolgt. Mit der Cray-1 benötigt man dazu rund drei Stunden Rechenzeit.

Alle drei Dimensionen des Raumes bewältigt ein Programm, mit dem 1982 Robert H. Miller von der Universität Chicago, Gast des Max-Planck-Institus für Astrophysik und der Europäischen Südsternwarte in Garching bei München, einen astronomischen Computerfilm herstellte. In diesem Film prallen zwei Spiralgalaxien mit insgesamt 100 000 Sternen mit unterschiedlichen Geschwindigkeiten und Winkeln aufeinander. Mit solchem Material lassen sich die beobachteten relativ häufigen Galaxienkollisionen besser interpretieren; denn die Welt der Galaxien stellt sich den Astronomen sonst gleichsam als Momentaufnahme dar, weil die Änderungen in irdischen Zeitspannen zu gering sind. So dreht sich die Milchstraße nur alle 300 Millionen Jahre einmal um ihre Achse.

Die dreidimensionale Behandlung war möglich, da sich die Sterne nur durch die Newtonschen Gravitationskräfte gegenseitig beeinflussen. In jedem Computer-Zeitschritt, der acht Millionen Jahren entsprach, mußten die mathematischen Gleichungen für alle 100 000 Sternbewegungen einzeln gelöst werden – mit dem Computer Illiac IV der Nasa noch eine 12-Stunden-Aufgabe, die mit der Cray-1 in 20 Minuten zu bewältigen ist. Die Milchstraße kollidiert zwar noch nicht mit einer anderen Galaxie. Doch treibt der Andromedanebel mit rund 100 Kilometern pro Sekunde auf unser Sternensystem zu. Es wäre daher sicher auch interessant zu berechnen wie unser Nachthimmel in einigen Milliarden Jahren aussieht, wenn wir selbst in einen kosmischen Zusammenstoß verwickelt sind.

Der Computerlaie hat andere Bedürfnisse und Befürchtungen beim Anblick der stummen grauen Kästen in den Rechenzentren. Für ihn soll sich der Computer zum Freund und Helfer auswachsen, der einem freundlich plaudernd (oder auf einem Bildschirm schreibend) alle vorgelegten

Probleme löst. Andererseits ängstigt ihn die Vorstellung, daß die gezüchtete Intelligenz ihm das Eigentliche wegnimmt, für das er ein Monopol zu haben glaubte: seine Kreativität, seinen schöpferischen Impuls, die Fähigkeit, Ideen zu haben; schließlich, seine genuin menschliche Gabe, »Bewußtsein« zu haben, womit heute schon die Heimcomputerfirmen werben. (Computer: »Übrigens, Eugen ...« Eugen: »Ja?« Computer: »Mit deiner Frau solltest Du auch mal wieder ausgehen. Nächsten Donnerstag zum Beispiel.«)

Ob Computer darüber hinaus auch in künstlerische Gefilde vordringen werden, also in Dichtung, Musik oder Malerei, ist umstritten, aber vielleicht auch nicht so weltbewegend wie die Frage, ob sie auch »vernünftig« oder »selbstbewußt« werden können. Originell und tiefsinnig sind sie schon allemal. Schachendspiele, die von Großmeistern als Remis eingestuft wurden, wurden von Schachprogrammen noch gewonnen. Auch mit unorthodoxen mathematischen Beweisen überraschten sie die Experten.

Wie steht es aber mit der Spezialität des menschlichen Gehirn, über sein eigenes Denken nachdenken zu können? Es gibt zwar Computerprogramme, die über andere Computerprogramme nachdenken – etwa Fehlersuchprogramme oder Expertensysteme, die andere Expertensysteme entwerfen. Aber nie denkt dabei ein Programm direkt über sich selbst nach. Hier stehen die Architekten der künstlichen Intelligenz am Scheideweg: Führt ihr Weg in die Entwicklung einer Maschinenintelligenz nach den ihr gemäßen Regeln der Logik immer weiter weg vom Menschen? Oder sollte die elektronische Denkart zunehmend dem Wesen menschlicher Kreativität angenähert werden? Für beides ist bis jetzt eine Grenze der Komplexität und im Erfindungsreichtum des Computerdenkens nicht zu erkennen.

Das Beispiel Schach zeigt, daß sich mit (immer noch) relativ einfachen Programmen, aber mit großer Verarbeitungsgeschwindigkeit, erstaunlich »menschliche« Denkergebnisse erzielen lassen. Dabei ist aber der Denkablauf bei Mensch und Maschine völlig verschieden. Auch die automatische Spracherkennung und Sprachübersetzung wird stets eine Aufgabe bilden, bei der sich die Computerentwicklung nach den Eigenschaften der menschlichen Kommunikation zu richten hat. Die wachsende Fähigkeit von Programmsystemen, im Dialog zu reagieren und dabei auch zu lernen, wird vor allem die bislang mäßige Leistung von Expertensystemen verbessern.

Technisch sind die nächsten Schritte bereits vorgezeichnet. Die Elektronikgiganten in Japan, den USA und England sind bereits jetzt mit Vehemenz in die Runde der 5. Computergeneration eingestiegen. Einmal sollen die Rechengeschwindigkeiten nochmals um den Faktor Hundert erhöht werden. Gleichzeitig verstärkt sich zwangsweise der Hang zum Parallelrechnen. Parallel geschaltete »Prozessoren« innerhalb desselben Computers verteilen die Aufgaben untereinander und bearbeiten sie gleichzeitig. So hat die Cray X-MP zwei, der geplante Nachfolger Cray-2 bereits vier parallel arbeitende Prozessoren.

Rechnen wird in solchen Prozessor-Netzwerken zunehmend zum Kommunikationsproblem. Nicht mehr die Verarbeitung, sondern der maschineninterne Austausch von Information erzwingt eine neue Stufe der Komplexität in der Computerarchitektur, Computerkühlung und der Datenflußorganisation. Wir werden es in vielleicht zehn Jahren erleben. Was dabei an künstlicher Intelligenz herauskommt? Wahrscheinlich werden gerade die Wissenschaftler durch automatische Wissensverarbeitung zunehmend davon befreit, dem Computer sagen zu müssen, *wie* er ein Problem lösen soll. In Zukunft genügt es vielleicht, dem Computer nur noch zu sagen, *was* er lösen soll.

10. Intelligenz im Weltall

Ist da draußen wer?

Eigentlich sollten sie ja ständig unter uns sein. Nach Ansicht mancher Zeitgenossen könnten wir sogar von ihnen abstammen; zumindest aber dürften sie uns bisweilen besucht haben: die »Außerirdischen«, »extraterrestrische Intelligenzen«, »Kleine Grüne Männchen« oder auch »Exobionten« genannt. Nichts hat die menschliche Neugier mehr auf sich gezogen und die Phantasie mehr beflügelt, als mögliche Lebewesen irgendwo im Weltall.

Sind jedoch Gedanken über Intelligenz im Universum nicht die reine Zeitverschwendung? Eine viel zu aufwendige Spekulation über einen höchst ungewissen Gegenstand? Dies mag in der Tat so scheinen, bedenkt man, daß über zwanzigjährige aktive wissenschaftliche Suche nach extraterrestrischer Intelligenz, SETI genannt, nicht den geringsten Hinweis zutage gefördert hat.

Doch die Sache hat einen Haken, und der Haken sind wir. Von neutraler Warte aus betrachtet, etwa vom Planeten eines Nachbarsterns, sind wir, sind die Menschen die Außerirdischen. Es mag uns freuen oder leid tun: Der bisher einzige uns bekannte Fall einer Intelligenz im Weltall ist die Menschheit selbst.

Aber gerade das ist auf fatale Weise beunruhigend: Daß dieser einzige *bekannte* Fall auch der einzige *existierende* sein könnte. Welch beklemmende Vorstellung: In einem

158

beinah unbelebten Universum sind wir möglicherweise die einzigen Vertreter und Träger eines »kosmischen Selbstbewußtseins«? Noch Anfang des 17. Jahrhunderts hätte uns das keineswegs überrascht. Damals galt, trotz der kopernikanischen Wende: Die Menschheit ist etwas Einmaliges. Aber dann begann die Epoche unserer Desillusionierung.

Das kopernikanische Prinzip erfaßte nicht nur die Astronomie, sondern auch die Biologie und wurde schließlich zur Grundlage aller wissenschaftlichen Mutmaßungen über Intelligenz im Weltall: Die Erde, mitsamt allen auf ihr heimischen Lebensformen, stellt etwas Typisches und Normales im Universum dar. Anders gesagt: Was hier passiert, kann sich auch überall sonst ereignen.

Behauptet wurde dieser Standpunkt schon in der griechischen Antike. Metrodoros von Chios, ein Schüler des Demokrit, schrieb im 4. Jahrhundert v. Chr.: »Anzunehmen, die Erde sei die einzige bevölkerte Welt im unendlichen Raum, ist so absurd wie der Gedanke, daß in einem mit Hirse besäten Feld nur ein einziges Samenkorn aufgeht.« Wörtlich verstanden ist das kopernikanische Prinzip aber genauso eine Übertreibung wie dessen Umkehrung. Denn wir wissen natürlich, daß ein ganzer Katalog spezieller Bedingungen erfüllt sein muß, damit so komplexe Wesen wie der Mensch entstehen können.

Genau darum geht es aber: Unter welchen Umständen entsteht Leben? Wann wird dabei die Schwelle zur Intelligenz, und weiter, zur technischen Zivilisation überschritten? Wie häufig passiert das im Weltall und wie lange dauert es? Wie macht sich das astronomisch bemerkbar? Wie sollen wir nach den Außerirdischen suchen, mit ihnen kommunizieren oder sie gar besuchen? Schließlich die Frage: Ist es überhaupt ratsam, daß wir uns galaktisch »zu Wort melden«? Erwartet uns denn eine freundliche Aufnahme in den Galaktischen Klub oder eher die Unterjochung durch eine kriegerische Superrasse?

Schon dieser Fragenkatalog zeigt, daß praktisch alle Fächer der modernen Naturwissenschaft sich zusammentun müßten, um Vernünftiges über Intelligenz im All aussagen zu können: von der Astrophysik über die Biochemie, Exobiologie und Evolutionstheorie hin zur Kommunikationstheorie und Soziologie.

Mit Ausnahme der Antworten, die Astronomen geben können, müssen jedoch die Erkenntnisse von Wissenschaftlern der anderen Disziplinen unsicher und hypothetisch bleiben – mit dem bedauerlichen Resultat, daß jede Schätzung über die Außerirdischen grob falsch sein kann. Denn: Während die Astronomen viele Sterne miteinander vergleichen können, kämpft jede Wissenschaft vom Leben mit dem Problem, daß man nur einen einzigen »Meßpunkt« hat, die irdische Lebensform. Jede verallgemeinernde Anwendung auf interstellare Zivilisationen gerät deshalb in Gefahr, auf den Menschen abgestimmt, also »anthropozentrisch« zu sein.

Dabei gibt es durchaus eine Reihe unanfechtbarer Tatsachen, die uns indirekt etwas über außerirdisches Leben erzählen. So muß jede Lebensform mit den chemischen Elementen auskommen, die der Kosmos für sie bereithält, und wird deshalb der unsrigen zumindest chemisch ähnlich sein. Eine weitere Bedingung ist notwendig: Molekulare Reaktionen müssen genügend oft ablaufen können, damit sich in einer Unzahl von Prozessen komplexe biologische Systeme, zuallererst aber Biomoleküle aufbauen, die sich selbst vermehren können.

Als »Arena« für die Entstehung von Leben
bieten sich Planeten an

Auf der Erde entstehen solche Moleküle im Wasser – und nicht etwa in Eis oder in der Luft. Um aber Wasser für sehr lange Zeit als Geburtshelfer für eine höhere Lebensform bereitstellen zu können, muß die Umwelt entsprechend beschaffen und zeitlich stabil sein. Daher bieten sich für die Lebensentstehung die Oberflächen von Planeten als ideale »Arena« an. In der Nähe eines Sterns, der für Jahrmilliarden die passende Energie in konstanter Stärke ausströmt, und beschützt durch eine Lufthülle, die etwa das zerstörerische ultraviolette Sternlicht absorbiert, hat biologische Evolution eine Chance, vom Molekül zur Intelligenz zu gelangen.

Dabei ist allerdings offen, ob sich die Außerirdischen zu Sauerstoff-Atmern wie wir entwickeln, oder, was ebenfalls vorstellbar ist, zu Kohlendioxid Methan-Atmern. Offen ist auch, ob sich ihre Zellchemie statt des Wassers etwa flüssigen Ammoniaks bedient. Selbst ganz andere genetische Codes zur Steuerung des Reproduktionsverhaltens sind denkbar und wahrscheinlich.

Entscheidend für einen permanenten Vorrat an Flüssigkeiten auf einem Planeten ist dessen Abstand vom Mutterstern. Ausgefeilte Computerberechnungen des US-Physikers Michael Hart zeigten am Beispiel des Planeten Erde, daß schon geringe Verschiebungen des Abstandes zur Sonne jedes irdische Leben verhindert hätten.

Wäre die Erde nur ein wenig von der Sonne fortgerückt, hätten sich die Weltmeere schon vor zwei Milliarden Jahren in Gletscher verwandelt; umgekehrt, bei einer geringfügigen Annäherung an die Sonne, hätte der berühmte Treibhauseffekt die Weltmeere verdampfen lassen und auf der Erde ein Höllenklima wie auf der Venus erzeugt.

Kein Wunder also, daß alle Nachforschungen auf den anderen Planeten des Sonnensystems keinerlei Lebensspuren zutage förderten, auch wenn dies eine herbe Enttäuschung für Planetologen und Exobiologen war: weder auf der 450 Grad Celsius heißen Venus noch auf dem eiskalten Wüstenplaneten Mars noch – bis Anfang 1982 die allerletzte Hoffnung – auf Titan. Nicht nur Science-fiction-Autoren wie Arthur C. Clarke in seinem Roman »Imperial

Earth«, auch Wissenschaftler glaubten bis zuletzt, daß unter der undurchsichtigen, rötlichen »Smog«-Schicht, die Titan, den größten aller derzeit bekannten 25 Saturnmonde, einhüllt, sich Leben zumindest in primitiver Form hätte entwickeln können.

Titan wurde Ende August 1981 im zweiten Vorbeiflug von der amerikanischen Planetensonde *Voyager 2* nochmals unter die Lupe genommen. Das überraschende Ergebnis: Der Saturnmond gleicht in seinem bei -184 Grad Celsius tiefgefrorenen Zustand chemisch der Erde in ihrer frühen Phase.

Ursprüngliche Spekulationen über mögliche Ozeane aus flüssigem Methan (CH_4) wurden 1983 nach vollständiger Auswertung der *Voyager*-Daten revidiert. Gespeist von Sonneneinstrahlung, dem Magnetfeld des Saturns und Gewittern auf dem Mond selbst wandelte sich das Methan oberhalb von 50 Kilometern vor allem in Äthan (C_2H_6) um, der abregnet und schließlich den gesamten Saturnmond mit einem ein Kilometer tiefen Ozean bedeckt. Aus äthan-, methan- und stickstoffhaltigen Wolken schneit es photochemisch gebildetes Acetylen, das am Grund des Äthanmeeres sedimentiert. Kompliziertere organische Verbindungen färben den Titanhimmel rot. Vermutlich trägt Titan keine Kontinente, nur wenige Inseln und keine Eisberge: Gefrorenes Wasser versinkt in flüssigem Äthan. Auch Segeln könnte man auf Titan nicht, die Winde sind zu schwach.

So existiert zwar kein Leben auf Titan, doch sind erste chemische Schritte in Richtung Leben getan worden. 1983 wurde im Sonnensystem bei einem zweiten Mond eine Atmosphäre diagnostiziert: dem Neptun-Mond Triton. Für diesen, etwa erdmondgroßen Trabanten in 4,5 Milliarden Kilometer (knapp vier Lichtstunden) Entfernung von der Sonne sehen aber die Lebensprognosen ähnlich düster aus. Bei klirrenden -218 Grad Celsius bedecken Triton unter einer methan- und stickstoffhaltigen Lufthülle Ozeane aus flüssigem Stickstoff, möglicherweise mit Eisbergen oder gar Kontinenten aus festem Methan.

Molekulare Bausteinchen des Lebens sind tatsächlich im Kosmos weit verbreitet. Im interstellaren Raum, besonders in den interstellaren Staubwolken, bei Temperaturen unter -250 Grad Celsius, haben Radioastronomen bereits über vier Dutzend organischer Moleküle entdeckt, und eine obere Grenze ihrer Komplexität ist bisher noch nicht erkennbar geworden.

Der Weltraum ist damit nicht nur die älteste, sondern auch die größte Brutstätte solcher primitiven chemischen Bausteine für das Leben. Allerdings laufen in der Weltraumkälte die Prozesse so zeitlupenhaft ab – alle hundert Jahre eine Reaktion –, daß selbst das Alter des Universums nicht reicht, jene Moleküle über ihr präbiologisches Stadium hinausgelangen zu lassen.

So bleiben vor allem die Planetenoberflächen als mutmaßliche Standorte außerirdischer Intelligenz. Faßt man alle schon genannten physikalischen Einschränkungen zusammen, dann sollten in der Milchstraße immerhin einige Millionen lebensfördernder »Ökosphären« vorhanden sein.

*Wer keine Antennen baut, der kann
auch uns keine Radiosignale senden*

Damit ist die Astrophysik am Ende ihres Lateins, und sie gibt den Schwarzen Peter – nämlich die Antwort auf die Frage: Wo sind sie denn alle? – an die Evolutionsbiologen weiter, die bereits behaupteten: »Wo Leben entstehen kann, da entsteht es auch.« Wie viele hochentwickelte Zivilisationen existieren also in der Milchstraße?

Einmal ist festzuhalten, daß wir als erdgebundene Sucher nur an technischen Zivilisationen interessiert sein können. Wer keine Radioantenne baut, kann uns auch keine Radiosignale zusenden und auch keine unserer Botschaften empfangen. Eine Zivilisation intelligenter Delphine auf einem reinen Wasserplaneten müßten wir schon direkt besuchen, um mit ihr Kontakt aufnehmen zu können.

Wegen dieser Einschränkung entfällt für uns die Notwendigkeit, über eine Definition von »Intelligenz« nachzudenken. Denn wer sich nicht bemerkbar macht, fällt für uns sowieso aus. Seien wir froh: Die Definition der Intelligenz wäre noch schwieriger als die des »Lebens«.

Um mit einer technischen Zivilisation Beziehungen, gezwungenermaßen vor allem einseitige, aufzunehmen, bieten sich mehrere Möglichkeiten an:

– wir lassen uns entdecken, indem wir durch gezielte Signale unsere interstellare Position bekanntgeben, oder, umgekehrt, künstliche Radiosignale auffangen;

– wir oder die anderen bauen Raumkolonien und kolonisieren die gesamte Milchstraße;

–wir suchen nach künstlicher biologischer Information, die, genetisch in Mikroorganismen implantiert, in Raumsonden verschickt wird;

– wir beobachten die Aktivitäten von Astro-Ingenieuren, die Superzivilisationen, die Planeten, Sterne oder ganze Galaxien manipulieren können.

Diese Möglichkeiten, die zum Teil erst in den letzten Jahren erkannt wurden, bestimmen die Strategie der Suche nach extraterrestrischer Intelligenz. Im Jahre 1960 richtete der US-Astronom Frank Drake, heute Direktor des National Astronomy and Ionosphere Center im puertorikanischen Arecibo, das Radioteleskop von Green Bank in West Virginia auf zwei nahe, sonnenähnliche Nachbarsterne: Epsilon Eridani und Tau Ceti. In dem OZMA genannten Projekt analysierte er die Radiostrahlung dieser rund elf Lichtjahre entfernten Sterne auf künstliche Signale – ohne Erfolg.

Seither wurden etwa 20 derartige Suchaktionen gestartet, vorwiegend in den USA, der Sowjetunion und Kanada. Am aufwendigsten war das Projekt OZMA II von Patrick Palmer und Ben Zuckerman. Ebenfalls mit dem Radioteleskop in Green Bank belauschten die beiden Radioastronomen zwischen 1972 und 1976 etwa 650 sonnenähnliche Einzelsterne innerhalb von 75 Lichtjahren Abstand.

Den Anstoß für all diese Suchaktionen hatten 1959 Giuseppe Cocconi und Philip Morrison gegeben. Nach Meinung der beiden Wissenschaftler vom Massachusetts Institute of Technology stellen die Wellenlängen um die 21-Zentimeter-Linie des kosmischen Wasserstoffs den idealen Sendekanal für interstellare Verständigung dar. Zum einen liegt in diesem Bereich ein »Radiofenster« des Himmels; denn das kosmische Hintergrundrauschen ist dort am schwächsten; zum anderen ist der Wasserstoff das häufigste Element im Universum.

Kritisch ist die Auswahl des Sendekanals deshalb, weil die Suche nach den Außerirdischen einer Blindschach-Partie gleicht, die auch noch nach unbekannten Regeln abläuft, ja, bei der die beiden Akteure nicht einmal voneinander wissen, ob sie existieren. Von der einmal gewählten »Spielstrategie«, also der Auswahl des Empfangskanals, der Peilrichtung, der Annahmen über Quellenabstand, Signaltyp und Sendeinhalt, kann Erfolg und Mißerfolg des Unternehmens abhängen.

Das ehrgeizigste aller Suchprogramme wird seit 1978 in den USA vom Ames Research Center der Nasa und dem Jet Propulsion Laboratory, beide in Kalifornien, entwickelt. Sie entwarfen ein Zehn-Jahres-Projekt, das 20 Millionen Dollar kosten soll. Mit Hilfe eines sogenannten Multikanalanalysators und schneller Computer soll es in wenigen Jahren den Radiohimmel simultan auf acht Millionen Frequenzkanälen überwachen.

Da alle Radiosuchaktionen bisher nicht den geringsten positiven Hinweis erbracht hatten, neigten viele Astronomen bald der Ansicht zu, daß wir die einzige fortgeschrittene technische Zivilisation der Milchstraße seien. Andererseits sollte aber nach Abschätzungen mit Hilfe der sogenannten Drake-Formel die Milchstraße von kommunikationsfähigen Zivilisationen nur so wimmeln. Das würde nur, so die »Optimisten«, eine Zivilisation pro Million Sterne bedeuten und es sei deshalb kein Wunder, wenn eine Radiountersuchung von knapp 1000 Sternen bisher negativ verlaufen sei.

Zur Erweiterung unseres Radiohorizontes ließ die Nasa eine Studie über »Cyclops« erarbeiten, einem Radiosuperauge, bestehend aus tausend 100-Meter-Teleskopen. Damit können in wenigen Jahren Millionen Sterne abgehorcht werden. Kostenpunkt: 15 Milliarden Dollar. Obwohl die gigantische Anlage noch nicht realisiert wurde, steht den Astronomen im US-Staat New Mexico mit dem Very Large Array einstweilen eine Sparversion von Cyclops zur Verfügung.

Neben allen passiven Radio-Suchaktionen hat es nicht an Versuchen gefehlt, aktiv der galaktischen Bevölkerung unsere Anwesenheit kundzutun. Unfreiwillig geschieht dies schon seit einigen Jahrzehnten, seit nämlich irdische Radiostationen Programme ausstrahlen. Diese Nachrichten, vom Serienkrimi bis zur Waschmittelreklame, dringen fast ungehindert in den Weltraum und haben inzwischen schon Sterne in einigen Lichtjahrzehnten Entfernung erreicht. Von dort möglicherweise vorhandenen Nachbarn hätten also schon irgendwelche Antworten »einlaufen« können.

Eine einzige Radiobotschaft wurde bislang »gezielt« nach Inhalt und Richtung ins Weltall abgestrahlt: Am 16. November 1974 mit dem 304 Meter großen Radioteleskop von Arecibo. Ihr Inhalt: Position der Erde, Biologie des irdischen Lebens, technologischer Stand – ein Kurzportrait der Menschheit. Die 1679 Informationsbits der Drei-Minuten-Sendung waren so bekömmlich wie möglich aufbereitet. Ziel der Arecibo-Nachricht: der Kugelsternhaufen

M 13 mit etwa 300 000 Sternen in rund 24 000 Lichtjahren Entfernung. Der löbliche interstellare Bildversand verkommt leider zu einem matten Scherz, wenn man sich klarmacht, daß die Signale bei ihrer Ankunft bei möglichen exobiontischen Radioastronomen längst zu schwach für jede Entdeckung sein werden.

Denn gerade mit der Reichweite der Radiobotschaften ist es vorläufig nicht weit her. Obwohl irdische Sender bei Radiowellen im Wellenlängenbereich zwischen einem Zentimeter und 30 Kilometern deutlich die Sonne überstrahlen – am stärksten durch den amerikanischen Militär-Radar-Sender des Ballistic Missile Early Warning System (BMEWS) in Texas –, könnte ein Arecibo-Teleskop den BMEWS-Radar nur bis zu 30 Lichtjahren Entfernung empfangen. Selbst mit Cyclops müßte man schon jenseits von 500 Lichtjahren passen – obwohl das nicht weiter wäre als ein Schrittchen in unsere kosmischen Vorgärtlein. Immerhin: Zwei Arecibo-Teleskope könnten mit ihrer schmalsten Sendebandbreite noch zwischen der Erde und dem Zentrum der Milchstraße, 30 000 Lichtjahre voneinander entfernt, miteinander in Kontakt treten – vorausgesetzt natürlich, sie wüßten voneinander exakte Himmelsposition, Sendefrequenz und Sendezeiten.

Mit künstlichen Signalen auf anderen Wellenlängen sieht es noch schlechter aus. Beispiel Röntgenstrahlung: Mit allen Atombomben der USA und UdSSR zusammen ließe sich ein einziger – und einmaliger – Röntgenblitz nur bis in etwa 30 Lichtjahre Entfernung schicken. Immerhin wäre das jedoch ein verführerischer Gedanke, die militärische Nukleardebatte zu beenden. Dazu müßte man nur alle Nuklearsprengköpfe aus den Arsenalen holen, in eine gemeinsame Erdumlaufbahn verfrachten und gleichzeitig zünden.

167

Zwei andere Methoden, Kontakt zu außerirdischen Wesen aufzunehmen, sind das sogenannte Astro-Engineering und der biologische Sendekanal. Superzivilisationen könnten doch, um dieser Bezeichnung gerecht zu werden, die Strahlungsenergie ihres Heimatsterns am besten dadurch ausnutzen, daß sie ihre Planeten in Stücke sägen und ring- oder schalenförmig um den Stern gruppieren.

Solche, nach ihrem geistigen Urheber Freeman Dyson benannten »Dysonsphären« würden die Sternstrahlung in Wärmestrahlen umwandeln. Astronomen könnten sie dann als Infrarotquellen orten. Alle Infrarot-Beobachtungen, auch die mit dem Anfang des Jahres gestarteten Infrarot-Satelliten IRAS, fanden jedoch keinerlei Anzeichen für künstliche Aktivitäten.

Noch bizarrer mutet schließlich die Vorstellung an, man könne sich mit Außerirdischen biologisch »unterhalten«. Zwei japanische Wissenschaftler schlugen 1979 vor, daß sich künstliche Botschaften auch im genetischen Material von Viren oder Bakterien unterbringen und mit Raumsonden auf anderen Planeten im Weltall verteilen ließen. Immerhin ist vorstellbar, daß irdische Geningenieure in einigen Jahrzehnten über diese Kunstfertigkeit verfügen werden.

Die Bakteriophage Phi-X 174, ein Virus, das Kolibakterien befällt und dessen genetischer Aufbau vollständig bekannt ist, wurde von den Japanern nach genetisch einprogrammierten Botschaften hin abgesucht, wenn auch vergebens. Dennoch bestechen die Vorteile des Bio-Nachrichtenversandes. Mit geeigneten Sonden lassen sich gewaltige Distanzen überwinden. Außerdem gäbe es kaum ein »Empfangsproblem«. Der Mikroorganismus könnte auf geeigneten Planeten landen, sich vermehren und in seiner »Ökonische« so lange überleben, bis eine intelligente

Lebensform auf die Idee kommt, die Botschaft zu entschlüsseln. Einem Informationsverlust durch genetische Mutationen ließe sich dadurch begegnen, daß die Botschaft nur in besonderen, in der Reproduktion »stabilen« Genteilchen verankert würde.

»Abwesenheit von Evidenz«, sagte zwar einmal der britische Astrophysiker Martin Rees, »ist nicht Evidenz für Abwesenheit.« Aber das Dilemma der scheinbaren Abwesenheit jeder außerirdischen technischen Intelligenz wird drastisch verschärft durch neuere Erkenntnisse über Raumfahrt, Raumkolonien und die Kolonisierung des Weltraums.

Gab es schon eine Milliarde Zivilisationen in der Milchstraße?

Nach Abschätzungen der »Optimisten« Frank Drake und Carl Sagan soll auf je eine Million Sterne eine technische Zivilisation kommen. Bei einer großzügig auf eine Million Jahre angesetzten Lebensdauer jeder Zivilisation würde das bedeuten, daß in der Geschichte der Milchstraße, also in den letzten fünf bis zehn Milliarden Jahren, insgesamt fast eine Milliarde Zivilisationen unabhängig voneinander existiert haben müßten.

»Es ist nur schwer einzusehen«, bemerkt dazu der SETI-Forscher Michael Papagiannis von der Universität Boston, »wie eine Milliarde hochentwickelter technischer Zivilisationen mit einer Lebensdauer von einer Million Jahren in der Milchstraße gelebt haben könnten, ohne sie vollständig zu kolonisieren. Immerhin ist unsere technische Zivilisation erst etwa hundert Jahre alt, und wir sind schon auf dem Mond gelandet.« Innerhalb knapp zweier Jahrzehnte hat die Menschheit Raumstationen in Erdumlaufbahnen geschossen, in denen Menschen bereits länger als sechs Monate gelebt haben.

Gerald O'Neill von der Princeton University hat mit den Erkenntnissen aus der Raumfahrt ein Programm zur Kolonisierung des Weltraums entwickelt: Innerhalb des Erde-Mond-Systems könnten, so zeigte der Wissenschaftler, schon zur Jahrhundertwende riesige, von der Erde fast unabhängige Raumstationen existieren, bewohnt von Tausenden von Menschen.

Auf Lebensstandard brauchten Raumkolonisten keineswegs zu verzichten; er wäre sogar höher als für die meisten Erdbewohner. Und die Gefährdungen durch den Weltraum scheinen weniger kraß zu sein, als man spontan glauben möchte. In vielleicht hundert Jahren könnten solche Raumstationen sogar völlig autonom von der Erde werden und auf neue Bahnen gehen, näher zu ihren Energie- und Rohstoffquellen.

Angetrieben durch Atomkernfusion könnten sich die Raumkolonien mit moderaten Geschwindigkeiten von einigen Prozent der Lichtgeschwindigkeit auf die Wanderschaft in die Tiefe des Alls begeben. Zum »Auftanken« brauchten sie gar nicht erst auf den seltenen, erdähnlichen Planeten zu landen. Rohstoffe könnten sie viel einfacher in jedem Planetensystem aus dessen Asteroiden, Kometen oder Planetenmonden gewinnen; und Strahlungsenergie würde in einer nahen Umlaufbahn fast jeder Stern bieten. Ja, in regelmäßigen zeitlichen Abständen könnten sie selbst neue Tochter-Raumkolonien bauen und auf die Reise schicken.

Mit diesem Verfahren ist aber eine galaktische Kolonisation nicht nur möglich, sondern sie erscheint fast unvermeidlich. Die Rechnung ist simpel genug: Braucht eine Raumkolonie für jeden Schritt von zehn Lichtjahren 500 Jahre, und setzt man dann nochmals 500 Jahre an für den Bau einer neuen Tochterkolonie, so würde die Milchstraße geradezu von einer Kolonisationswelle überflutet, die im Mittel jedes Jahrhundert um ein Lichtjahr weiter fortschreitet. Damit wäre aber die ganze Galaxie in zehn Millionen Jahren vollständig erobert – in einem Zeitraum also, der nur einen winzigen Bruchteil des Milchstraßenalters ausmacht.

Dieses Bild von der galaktischen Kolonisation mag zu simpel sein, und der Prozeß mag aus den verschiedensten Gründen immer wieder unterbrochen werden. So sieht etwa Frank Drake einen Haupthinderungsgrund darin, daß einfach ein sinnvoller Anreiz für ein derartig aufwendiges Unternehmen fehle. Eine Kosten-Nutzen-Analyse würde, so Drake, »interstellare Kolonisation für alle Zeiten ökonomisch undenkbar machen«.

Bleibt die Besiedelung der Milchstraße also nur ein esoterisches und waghalsiges Unternehmen für Pioniere und Einsiedler? Dagegen steht das Argument, daß alles, was technisch machbar ist, wenigstens irgendwann einmal auch gemacht wird. Denn »es ist praktisch kein Grund vorstellbar«, so Michael Papagiannis, »der mit absoluter Sicherheit *alle* galaktischen Zivilisationen in jeder Generation davon abhalten sollte, zu den Sternen zu reisen«.

Zumindest plausibel wird der Gedanke durch einen Vergleich mit der Erde. Auch das Leben auf der Erde wurde nach der Kolonisationsmethode über den Globus verbreitet und nicht durch Evolutionen unabhängig voneinander an vielen verschiedenen Orten. Wahrscheinlich entstand der Mensch irgendwo in Afrika und verbreitete sich von dort aus in wenigen Millionen Jahren über alle Erdteile.

Wem mit Menschen gefüllte »Blechkisten auf Sternenfahrt« zu phantastisch sind, dem sei eine Denkvariante nahegebracht, bei der die Kolonisation der Milchstraße kostensparend auch ohne den Menschen ablaufen könnte. Nach der Vorstellung von Frank J. Tipler, Mathematiker an der Tulane University in New Orleans, sollten dazu auch Robotersonden genügen, die ihrerseits Roboter bauen können. Im mikroelektronischen Zeitalter scheint sich Tiplers Vorstellung nur allzu rasch zu verwirklichen. Es würde genügen, daß einige Dutzend dieser Superroboter losgeschickt werden, was nicht teurer wäre als das Apollo-Raumfahrtprogramm. Selbst wenn diese Eroberer nur mit bereits existierender Raketentechnik ausgestattet wären, könnten sie in 300 Millionen Jahren die 200 Milliarden Sterne der Milchstraße durchforsten und mit jedem bewohnten Planeten Kontakt aufnehmen.

Gerade weil einerseits jede biologische Evolution vom Einzeller zur hochentwickelten Zivilisation Jahrmilliarden benötigt, andererseits aber eine galaktische Kolonisation technisch und, kosmisch gesehen, im Nu möglich zu sein scheint, starren die Astronomen verzweifelt in den Himmel und wundern sich, daß ihnen die Außerirdischen nicht quasi alle fünf Minuten zuwinken.

Sind wir zu dumm, um fremde Zivilisationen wahrzunehmen?

Das kosmische Dilemma läßt uns daher nur eine Alternative:

Entweder wurde die Milchstraße vor langer Zeit kolonisiert. Dann sollte sie von Raumkolonien oder intelligenten Roboter-Raumschiffen bevölkert sein – auch das Sonnensystem.

Oder die Milchstraße ist niemals bevölkert worden. Zwar mögen sich einige technische Zivilisationen im Lauf der Jahrmilliarden entwickelt haben, jedoch scheiterten alle – durch Unfähigkeit oder bewußte Abstinenz – an der Raumfahrt, und überlebten als kommunikationsfähige Zivilisation nur kurze Zeit.

Die Außerirdischen sind also entweder überall oder – fast nirgends. Die erste Möglichkeit würde zwar nicht ausschließen, daß es Leben im Universum gibt. Millionen Planeten könnten bewohnt sein, aber eben nicht von Technologie treibenden raumfahrenden Intelligenzen. Denkbar auch, daß darunter Zivilisationen sind, die aus

Fragen und Antworten über die »Außenirdischen«

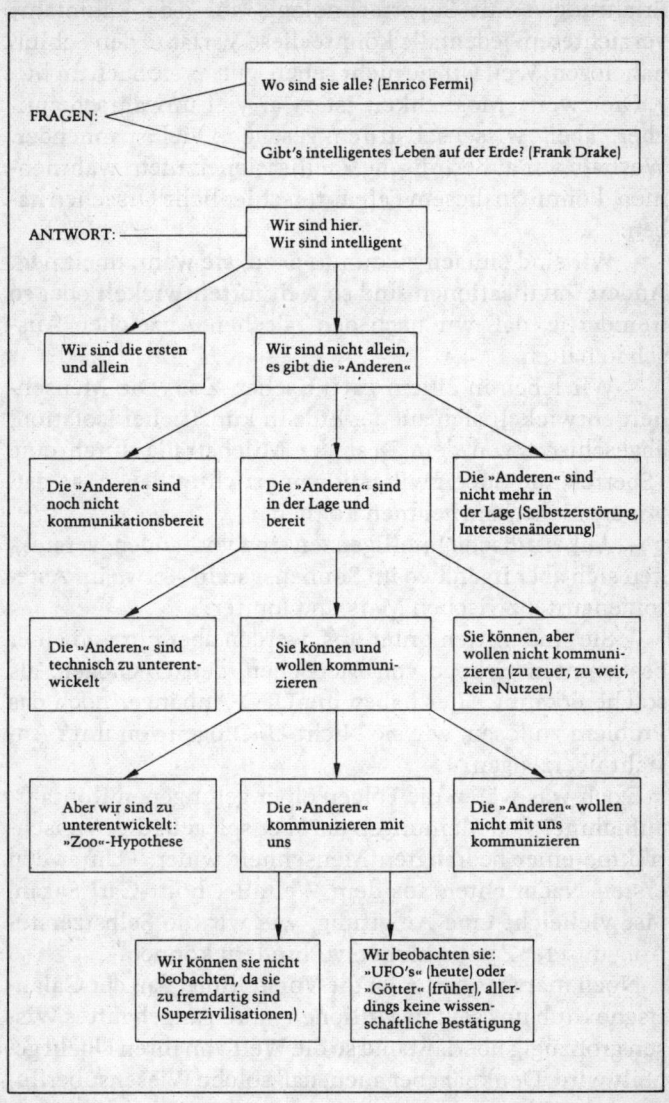

FRAGEN:

Wo sind sie alle? (Enrico Fermi)

Gibt's intelligentes Leben auf der Erde? (Frank Drake)

ANTWORT:

Wir sind hier.
Wir sind intelligent

Wir sind die ersten und allein

Wir sind nicht allein, es gibt die »Anderen«

Die »Anderen« sind noch nicht kommunikationsbereit

Die »Anderen« sind in der Lage und bereit

Die »Anderen« sind nicht mehr in der Lage (Selbstzerstörung, Interessenänderung)

Die »Anderen« sind technisch zu unterentwickelt

Sie können und wollen kommunizieren

Sie können, aber wollen nicht kommunizieren (zu teuer, zu weit, kein Nutzen)

Aber wir sind zu unterentwickelt: »Zoo«-Hypothese

Die »Anderen« kommunizieren mit uns

Die »Anderen« wollen nicht mit uns kommunizieren

Wir können sie nicht beobachten, da sie zu fremdartig sind (Superzivilisationen)

Wir beobachten sie: »UFO's« (heute) oder »Götter« (früher), allerdings keine wissenschaftliche Bestätigung mangelndem Interesse, besserer Einsicht oder schlechten Erfahrungen mit Supertechnologie auf jede Raumfahrt verzichteten. Jedenfalls könnte diese Variante den Schluß nahelegen: Weil wir sie nicht sehen, gibt es sie auch nicht.

Die zweite Möglichkeit ist zwar viel unwahrscheinlicher, aber, wissenschaftlich gesehen, viel spannender. Weshalb wir außerirdische Zivilisationen nicht wahrnehmen, könnte in diesem Fall unterschiedliche Ursachen haben:

— Wir sind einfach zu dumm dazu, sie wahrzunehmen. Andere Zivilisationen sind so weit fortentwickelt oder so fremdartig, daß wir nach den falschen Anzeichen Ausschau halten.

— Wir leben in einem galaktischen Zoo. Die Menschheit entwickelt sich auf der Erde in künstlicher Isolation, abgeschirmt von dem Rest der Milchstraße durch eine »Sperre«, die Superzivilisationen errichtet haben, so daß wir sie nicht wahrnehmen können.

— Außerirdische Intelligenzen sind vorhanden, verstekken sich aber irgendwo im Sonnensystem – etwa im Asteroidengürtel zwischen Mars und Jupiter.

— Sie sind mitten unter uns, werden aber nur von einer bestimmten Gruppe von Menschen, den UFOlogen, als solche erkannt. Hier haben die UFO-Anhänger noch das Problem zu lösen, wie sie Nicht-UFOlogen von ihrer Ansicht überzeugen.

Doch was wären die Folgen einer gelungenen Kontaktaufnahme? Die Meinungen darüber spiegeln die Wunschträume einer bedrängten Menschheit wider. »Unter den ersten Nachrichten aus dem Weltall«, hofft Carl Sagan, »ist vielleicht eine Anleitung, wie wir die Selbstzerstörung unserer Zivilisationen verhindern können.«

Noch märchenhafter ist die Vorstellung, daß der Galaktische Klub uns sein in Millionen Jahren angehäuftes Wissen großzügig überläßt und so die Welt von ihren Übeln geheilt wird. Denkbar aber auch, daß solche Wissensüberflutung auf der Erde einen kulturellen Schock auslöst, der unseren zivilisatorischen Verfall beschleunigt.

Ein Kontakt, den wir – etwa durch eine Armada »feindlicher« Raumschiffe – als Bedrohung auffassen müßten, könnte dagegen eine heilsame Wirkung haben: Die irdischen Supermächte, verhakt in ihrem Raketenclinch, würden unter der »Bedrohung von Außen« innerirdischen Zwist ad acta legen und sich plötzlich auf Gemeinsames besinnen. Auch eine Utopie?

Vorläufig müssen wir erst einmal gründlich weitersuchen.

Wenn technische Zivilisationen häufig sind, sollte eine gründliche astronomische Suchaktion der näheren galaktischen Umgebung – wie mit dem neuen Projekt SETI geplant – den Fall relativ rasch entscheiden. Auch für die Außerirdischen gelten der Energiesatz und alle anderen Gesetze der Physik; ihre Aktivitäten müssen also irgendwelche astronomisch meßbaren Spuren hinterlassen. Die Unsicherheiten, mit denen das SETI-Programm zwangsläufig belastet ist, sollten kein ernstes Problem darstellen. Auch Kolumbus segelte einst zur Entdeckung eines neuen Handelsweges nach Indien unter falschen Annahmen los, außerdem war das geplante Ziel für seine Schiffe fast unerreichbar. Trotzdem entdeckte er Amerika.

»Wir leben in einer einmaligen Phase der Menschheitsgeschichte«, notierte Michael Papagiannis 1980 anläßlich einer SETI-Konferenz. »Wissenschaft und Technik ermöglichen uns die Suche nach hochentwickelten Zivilisationen, ein Traum, den Menschen seit Jahrtausenden geträumt haben. Packen wir's an.«

»Wenn wir dabei den Galaktischen Klub nicht finden«, so der deutsche Astrophysiker Sebastian von Hoerner, »dann gründen wir eben einen.«

Quellennachweis

Alle Kapitel des Buches sind entweder neu geschrieben oder überarbeitet und aktualisiert worden. Sie stützen sich auf Texte, die ich in den letzten Jahren zu den einzelnen Themen an folgenden Stellen publiziert habe:

»Inflation im All«, *Die Zeit* Nr. 43 (21. Okt.), S. 40, 1983.

»Vom Ende der Welt«, *bild der wissenschaft* Nr. 1, S. 46, 1981.

»Die sieben Pfeile der Zeit«, *Süddeutsche Zeitung* (SZ am Wochenende) Nr. 137, (18./19. Juni, Teil I); Nr. 143 (25./26. Juni, Teil II), 1983.

»Horror vor dem Vakuum«, *Die Zeit* Nr. 15 (8. April), S. 66, 1983.

»Tohowabohu im Innern der Materie«, *Die Zeit* Nr. 33 (7. August), S. 44, 1981.

»Das Reich der Riesen und Zwerge«, *GEO*-Special Nr. 8, »Weltraum«, S. 66, 3. Quartal 1983.

»Der Fall des kosmischen Zensors«, *Die Zeit* Nr. 38 (16. September), S. 64, 1983.

»Supercomputer zur numerischen Simulation«, *Frankfurter Allgemeine Zeitung* 26. Mai, S. 32, 1982; »Simulation dreidimensionaler physikalischer Systeme«, in E. Goller (Hrsg.), *Simulationstechnik, IFB, (Springer Verlag, Berlin-Heidelberg-New York) 1983.* »Die Forscher lassen denken«, *Die Zeit* Nr. 8 (24. Februar) 1984

»Das anthropische Prinzip«, *Herder-Lexikon der Biologie*, 1983.

»Ist da draußen Wer?«, *GEO* Nr. 12, S. 118, 1983.

Literatur

Inflation im Kosmos

J. D. Barrow (1983) »Cosmology and Elementary Particles«. *Fundamentals of Cosmic Physics*, Vol. *8*, S. 83–200.

A. Albrecht, P. Steinhardt (1982) »Cosmology for Grand Unified Theories with Radioactively Induced Symmetry Breaking«, *Physical Review Letters* Vol. *48*, S. 1220.

A. D. Linde (1982) »A new inflationary universe scenario«, *Physics Letters*, Vol. *108B*, S. 389.

D. Atkatz, H.Pagels (1982), »Origin of the Universe as a quantum tunneling event«, *Physical Review D*, Vol. *25*, S. 2065.

A. Vilenkin (1982), »Creation of the Universe from Nothing«, *Physics Letters* Vol. *117B*, S. 25.

A. H. Guth (1981) »Inflationery Universe: A possible solution to the horizon and flatness problem«, *Physical Review D*, Vol. *23*, S. 347.

E. P. Tryron (1973) »Is the Universe a Vacuum Fluctuation?«, *Nature* Vol. *246*, S. 396.

A. D. Sakharov (1967), *Soviet Physics JETP Letters* Vol. *5*, S. 24.

S. Weinberg (1979) »Cosmological production of Baryons«, *Physical Review Letters* Vol. *42*, S. 850.

Vom Ende der Welt

F. J. Dyson (1979) »Time without End: Physics and Biology in an open Universe«, *Reviews of Modern Physics*, Vol. *51*, S. 447.

F. J. Dyson (1981) »Life in the Universe«, Darwin Lecture, gehalten am Darwin College, Cambridge am 10. Nov.

S. Weinberg (1981) »The Decay of the Proton«, *Scientific American*, Juni, S. 64.

J. D. Barrow, F. J. Tipler (1978) »Eternity is unstable«, *Nature*, Vol. *276*, S. 453.

D. N. Page, M. R. McKee (1981) »Matter Annihilation in the Late Universe«, *Physical Review D*, Vol. *24*, S. 1458; und »Eternity Matters«, *Nature*, Vol. 291, S. 44.

S. Frautschi (1982) »Entropy in an Expanding Universe«, *Science*, Vol. *217*, S. 593

Aristoteles, Physik Buch IV, XIV.

C. F. v. Weizsäcker (1971) *Die Einheit der Natur* (Hanser, München).

M. Eigen (1983) »Evolution und Zeitlichkeit«, in *Die Zeit*, (Schriften der Carl Friedrich v. Siemens-Stiftung, Bd. *16*), R. Oldenbourg Verlag (München), S. 35–57

I. Prigogine (1973) »Time, Irreversibility and Structure«, in J. Mehra (Hrsg.), *The Physicist's Conception of Nature*, (D. Reidel Publ. Co.), S. 561–593.

I. Prigogine (1980), *From Being to Becoming*, W. H. Freeman and Co., San Fransisco.

J. C. Eccles (1983) »Das Zeitgefühl«, *Naturwissenschaftliche Rundschau*, Vol. *36* (Nr. 10), S. 427–432.

H. D. Zeh (1982) »Die Physik der Zeitrichtung«, Vorlesung Heidelberg, Sommersemester (unpubliziertes Manuskript).

M. Schulz (1983) »Ausstrahlungsbedingung und Kosmologie«, Diplomarbeit Ludwig-Maximilians-Universität München (unpubliziert).

E. R. Harrison (1981) *Cosmology – The Science of the Universe*, Cambridge University Press (Cambridge), S. 137–143. (deutsche Ausgabe: »*Kosmologie – Die Wissenschaft vom Universum*«, Darmstadt 1983, Verlag Darmstadter Blätter).

K. G. Denbigh (1981) *Three Concepts of Time* (Springer-Verlag, Berlin, Heidelberg, New York), dort insbes. Kap. 8.

P. C. W. Davies (1974) *The Physics of Time Asymmetry*, (Surrey University Press, London).

Horror vor dem Vakuum

M. Soffel, B. Müller, W. Greiner (1982) »Stability and decay of the Dirac vacuum in external gaugefields«, *Physics Reports*, Vol. *85* (No. 2), S. 51–122

J. H. Hamilton, W. Greiner (1980) »The Decay of the vacuum« *American Scientist*, Vol. *68*, S. 154

B. S. De Witt (1983), »Quantum Gravity«, *Scientific American*, Dezember, S. 104–115.

Tohuwabohu im Innern der Materie

R. D. Peccei (1982) »Composite Models of Quarks and Leptons«, Vorabdruck MPI-PAE/PTh 69/82 des MPI für Physik und Astrophysik, Werner-Heisenberg-Institut für Physik, München.
H. Harari und N. Seiberg, (1981), *Physics Letters*, *96B*, S. 269.
R. Wagoner, D. Goldsmith (1982) »*Cosmic Horizons*« Freeman and Co., (San Francisco)
J. Ellis, D. Nanopoulos (1983) »Particle Physics and Cosmology«, *CERN Courier*, July/August, S. 211.
»Inside the Quark«, *Scientific American (1981)* 244, S. 64.

Nacktheit und Tod der Schwarzen Löcher

S. Hawking (1975) *Communications in mathematical Physics* 43, S. 199.
W. Kundt (1982) *Sterne und Weltraum*, Vol. 2, S. 66.
B. S. DeWitt (1983) »Quantum Gravity«, *Scientific American*, December, S. 104.

Die Rolle des Menschen im All

R. Breuer (1981, Nachdruck 1983) »*Das anthropische Prinzip. Der Mensch im Fadenkreuz der Naturgesetze*«, (Meyster Verlag, München.)
B. Carter (1983), »The anthropic principle and it's implications for biological *evolution*«, *Phil. Trans. R. SOC. London* A, Vol 310, S. 347
K. Lorenz (1976) »Die Vorstellung einer zweckgerichteten Weltordnung«, in *Das Wirkungsgefüge der Natur und das Schicksal des Menschen* (1983) Serie Piper Nr. 309, Piper-Verlag (München, Zürich).
K. Lorenz (1983) *Der Abbau des Menschlichen* Piper Verlag (München, Zürich).

R. Breuer (1978) »*Kontakt mit den Sternen. Gibt es Leben auf fremden Planeten?*« (Umschau Verlag, Frankfurt).

»Neptun's moon has atmosphere!«, *New Scientist* (1983), 20. Oktober, S. 177.

M. Taube (1983) »Evolution of Matter and Energy« unpubl. Manuskript des Verlags Birkhäuser, Basel.

T. Owen (1982) »Titan«, *Scientific American*, Vol. 246 (Februar) S. 76.

Bitte beachten Sie
die folgenden Seiten

Reinhard Breuer

Das anthropische Prinzip

Der Mensch im Fadenkreuz
der Naturgesetze

Ullstein Buch 34235

In diesem Buch untersucht
Reinhard Breuer die
Bedingungen, die Kosmos
und Naturgesetze erfüllen
mußten, um eine Lebensform
hervorzubringen, die diese
Bedingungen erkennen kann.
Mikrokosmos und Makro-
kosmos haben in einer Fülle
zufälliger Querverbindungen
zusammengewirkt, um
irdisches Leben zu ermög-
lichen.
Das anthropische Prinzip
vermittelt neuartige, unkon-
ventionelle Erkenntnisse
über die Stellung des
Menschen im Kosmos und
über die Logik, die in der
Schöpfung seit Anbeginn
geherrscht hat.

Ullstein Sachbuch

Willi H. Grün

Erdstrahlen

Unheimliche Kraft oder
blühender Blödsinn

Ullstein Buch 34359

Spätestens seit dem
Atomfeuer in der Ukraine
ist der Menschheit die
Gefahr von Strahlen
bewußter geworden.
Doch nicht nur radioaktive
Strahlen, auch Erdstrahlen
können gefährlich sein.
Sind sie die Ursache für
Krebserkrankungen,
Schlafstörungen und
mysteriöse Autounfälle?

Ullstein Sachbuch

ANGST abbauen

HOFFNUNG säen

Die Bewältigung der vier Grundängste unserer Zeit

Hrsg. Helmut Agustoni-Hasler
Marianne Schnyder-Erne

Meyster

274 Seiten, Broschur

Meyster